瓷　器

——瓷泥制备、加工烧成与常见问题补救措施

瓷　器

——瓷泥制备、加工烧成与常见问题补救措施

［英］薇薇安·弗利（Vivienne Foley）　著

童国珺　译

上海科学技术出版社

图书在版编目（CIP）数据

瓷器 : 瓷泥制备、加工烧成与常见问题补救措施 /
（英）薇薇安·弗利（Vivienne Foley）著 ; 童国珺译
. -- 上海 : 上海科学技术出版社，2022.8
（灵感工匠系列）
书名原文：Porcelain
ISBN 978-7-5478-5734-2

Ⅰ. ①瓷… Ⅱ. ①薇… ②童… Ⅲ. ①瓷器－研究
Ⅳ. ①TQ174.72

中国版本图书馆CIP数据核字（2022）第121841号

Porcelain by Vivienne Foley
© Vivienne Foley, 2014
This translation of *Porcelain* is published by arrangement with
Bloomsbury Publishing Plc. through Inbooker Cultural Development
(Beijing) Co., Ltd.

上海市版权局著作权合同登记号 图字：09-2021-0681号

瓷器——瓷泥制备、加工烧成与常见问题补救措施

［英］薇薇安·弗利　著
童国珺　译

上海世纪出版（集团）有限公司　出版、发行
上 海 科 学 技 术 出 版 社
（上海市闵行区号景路159弄A座9F-10F）
邮政编码201101　　www.sstp.cn
上海中华商务联合印刷有限公司印刷
开本 889×1194　1/16　印张 9
字数 250千字
2022年8月第1版　2022年8月第1次印刷
ISBN 978-7-5478-5734-2／J·71
定价：135.00元

前页图：薇薇安·弗利（Vivienne Foley）
《经典花瓶》，最高处44.5 cm
黑镁釉
照片：薇薇安·弗利（Vivienne Foley）

目录页：克里斯·基南（Chris Keenan）
《单色调摇碗》，2012年
天目与青瓷釉，还原烧制，高95 mm
照片：迈克尔·哈维（Michael Harvey）

目录

献给卡罗琳（Caroline）和玛德琳（Madelyn）

致谢

感谢所有帮助我编写此书的人，尤其是慷慨提供富有灵感的作品图像的47位艺术家。

感谢其中几位专家不厌其烦地审校本书的文字，分享他们的专业知识，要特别感谢英国皇家艺术学会会士奈杰尔·伍德（Nigel Wood）教授、伦敦大学亚非学院中国陶瓷的高级讲师史黛西·皮尔森（Stacey Pierson）博士和哈里·弗雷泽（Harry Fraser）所提供的建议。另外还要感谢伦敦大学考古研究所的殷敏、伦敦皇家艺术学院高级讲师弗丽斯蒂·阿里芙（Felicity Aylieff）、陶器黏土公司（Potclays）的约翰·比斯顿（John Beeston）和贝基·奥特（Becky Otter），以及瓦伦丁黏土公司（Valentine Clays）的艾伦·奥特（Alan Ault）。

如果没有茱莉亚·斯帕克斯（Julia Sparks）和贝基·弗利（Becky Foley）的实践经验，此书稿距离完成或许还很遥远。最后，衷心感谢我的编辑艾莉森·史塔斯（Alison Stace），她自始至终是此项目的锚点。

前田昭博（Akihiro Maeta）
《白瓷刻面花瓶》，2011年
刻面带釉瓷，高40 cm×宽35.3 cm
照片：东京Yufuku画廊

第 1 章

瓷器简史

"强力王"奥古斯都二世（Augustus the Strong），这位波兰国王及萨克森选侯虽声称能徒手劈开马蹄铁，却同时对瓷器有着敏锐的洞察力。作为一个矛盾的文化人，他决心让德累斯顿成为艺术中心，并探索制作真正瓷器的秘密。1701年，奥古斯都二世在早熟的年轻炼金术士约翰·弗里德里希·博特格（Johann Friedrich Böttger）身上取得了突破。博特格在逃离了渴望黄金的普鲁士国王腓特烈一世（Frederick Ⅰ）的魔掌后，由于奥古斯都二世看重他的炼金才能，又将他关押在梅森附近阿尔布雷希特堡城堡的地牢中。在关押三年期间，博特格需要为他用铅和汞制造黄金的徒劳尝试做出解释，但他聪明地与当时著名的物理学家冯·奇恩豪斯（von Tschirnhaus）伯爵合作，使用萨克森州富含铁的黏土和矿物质进行了实验，最终于1708年烧制出真正的硬质瓷器。此时，奥古斯都二世终于得以展示他的财富和权力，于1710年在梅森创立了著名的制瓷工厂，该工厂至今仍在运营。

在此之前，整个硬质瓷的历史都属于东方，在那里可以发现两千多年的创新、技巧、匠心，尤其是美。瓷器自10世纪以来就在世界各地进行交易，对人类文明的发展产生了重大的文化和社会影响。

中国

中国的瓷器值得付出一生去研究，其研究的角度也很多样，包括陶瓷的种类和形式、或宗教性质或世俗目的的用途、含有道教或佛教符号抑或吉祥法器的装饰、釉料及其产地、御用或外销等。

在浙江省德清县的100多个古窑址中，于"皇坟堆"出土了一批西周末期至春秋早期由当地瓷石烧制的原始瓷器，其中的簋、卣、尊均仿制青铜礼器器形。人们曾根据地区和社会背景对这些原始陶瓷进行观察研究，但没有来自窑址的具体数据。直到最近才对陶瓷标本及窑壁上的窑汗进行科学分析，确定了这些早期原始瓷器的化学和物理特性，这有助于了解富含石灰的釉料。

在中国北方，白瓷土和富含石灰的釉料的发展开始主导后来的高温陶瓷。最有趣的是，即使在如此早的时期，前人已经开发出温度能够达到1 200℃的窑炉，这恰好是烧制现在定义的真正的瓷器所需的最低温度。

左图：博特格（Böttger）
《杯子和盖子》，梅森，1715年
首批欧洲生产的硬质瓷，器皿带
有扭曲的像葡萄藤一样的卷须、
印模的叶子和果实，高11.8 cm
照片：伦敦维多利亚和阿尔伯特
博物馆

原始瓷器皿
商朝，公元前1700—前1027年
照片：浙江省德清博物馆研究员朱建明
首次发表于《探索中国瓷之源：德清窑》

　　商朝用于祭祀的青铜器（瓿、尊、鼎、卣）影响着陶瓷设计，两者在之后的历史中出现惊人的相似，从单色瓷和之后装饰繁复的陶瓷器皿可见一斑。同样，陶瓷的明器、法器、镇墓神物、人物俑、动物俑等，都影响了此后瓷器的形式。

　　从中国窑址分布可知，主要的陶瓷产区位于中国北部和东南部。高温瓷的发展取决于材料的地理可用性，并遵循南北分界线。窑炉技术和当地工艺经过700年的缓慢演变，才达到可以将纯白色材料烧制到可以产生坚硬玻璃质层的程度。6世纪末7世纪初，在隋唐过渡时期已经出现了一些玻璃状的真白半透明瓷器，然而直到618—907年间的唐朝瓷器中才首次出现如今公认的瓷器，因为它们的精美程度令人叹为观止。

　　佛教在汉朝时期（公元前206—公元220年）从印度传入中国，并在3—4世纪蓬勃发展。随之而来的丝绸之路沿线贸易的发展和扩张为中国带来了不同的理念与丰富的物料，陶瓷的形式也深受影响。而来自波斯和中亚的金属制品、珠宝首饰和纺织品则给其功能性和风格留下了持久的印迹。

　　在唐朝和辽朝时期（907—1125年），出现了精美的木叶盏和凤首壶，这表明瓷器正在发展成为一种艺术，通过层出不穷的形式、釉料、装饰的不断变化和创新而不断发展。

宋朝

　　在北宋，馒头窑中烧制的定窑白瓷尤为精美，18世纪曾有仿制品生产，但造型和釉色均相形见绌。

　　10世纪即五代时期，人们在现今已成为世界瓷都的景德镇发现了一种非常早期的石灰碱瓷釉，这便是在景德镇制作的白瓷釉，一种具有如玉般质感的高石灰

三叶形盘
北宋定窑，960—1050年，直径
134 mm，高29 mm
珀西瓦尔大卫基金会收藏，第
173号
照片：大英博物馆基金会

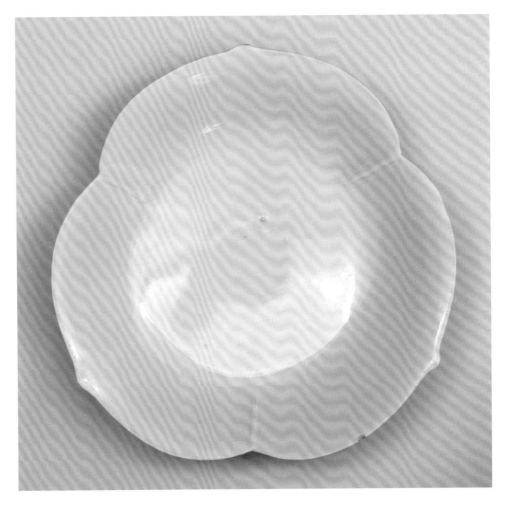

岩釉。还有一种半透明的石灰釉——影青釉（即青白瓷），含有微量的铁，还原后呈现出非常淡的蓝色（见第6章）。北有橄榄绿青瓷，南有油润的龙泉瓷。五代以后发展起来的瓷器以考究的形态和美丽的单色釉著称，它们可能是当今陶艺家的最爱，尤其是使用炻器的陶艺家，因为这类陶瓷通常在胎体和胎釉结合上很少有瑕疵。

9—10世纪，在湖南长沙附近幽僻山村中的铜官窑的炻器上发展出了第一批铜红釉器皿。尽管这些瓷器被出口到远东各地，甚至远至东非和埃及，其制作工艺却一直留存在当地，直到11世纪后期在北宋钧窑中得以重现和改进。铜红釉的鼎盛时期可以追溯到15世纪初——景德镇瓷器作为御瓷之时。这些釉呈现出壮观的鲜红或祭红，后期出现了桃花片和牛血红。

元朝

14世纪中叶，除了青花之外，釉里红也随之诞生。这个时期的器皿形态各异、胎体厚实，与早期的传统造型相呼应，包括高脚杯、花瓶和香炉。它们用刻、划和贴塑工艺装饰，包括压制成型的串珠。丰山瓶就是一个很好的示例（见第17页）。

此外，景德镇的官窑还烧制出了不透明的"枢府釉"（卵白釉）。

明清时期

明清时期始于1368年，终于1911年，其中明朝有17代，清朝有12代。正是在这近600年的时间里，瓷器跃入了西方的公众视野，其相当重要的原因是当时出口的商品被海运至欧洲港口。很快，瓷器在欧洲的流行导致了一些"鬼鬼祟祟"的勾当发生。1712年，在景德镇生活和工作的法国耶稣会神父殷弘绪（Père d'Entrecolles）向巴黎发送了两份详细且无价的报告中的第一份，报告中描述了瓷器的工业生产方式。放在今天，他可能被称为工业间谍。

明朝永远与蓝色和白色联系在一起。永乐（1403—1424年）、宣德（1426—1435年）和成化（1465—1487年）年间，景德镇御窑所生产的瓷器品质无与伦比，这在透明釉下以流畅的钴蓝色彩绘的精美宫廷碗中可见一斑。用以烧制的龙窑经过精准地控制，温度可超过1 300℃。

在14世纪和15世纪早期，除了使用景德镇当地含锰量高的钴之外，还使用了昂贵的含铁量高的进口钴。在15—16世纪，有时会将进口钴与当地颜料混合使用。而在17世纪之后当地颜料常被单独使用。每一种组合都会产生明显不同的效果，这些区别有助于后人确定青花瓷的年代。

《杜丽娘梦见柳梦梅》（源自《牡丹亭》中的故事，创作于 1598 年）
1650—1660 年（顺治年间），直径 16 cm
巴特勒家族收藏，第 1414 号
照片：薇薇安·弗利（Vivienne Foley）

乍一看，青花的蓝色似乎只是一种图案，但仔细研究会发现其主题和含义令人着迷且千变万化。八宝或道家八宝等符号和象征都具有吉祥的寓意，并可以在绘画中识别出来，蝙蝠、灵芝或桃子等也有吉祥或长寿的象征意义，"岁寒三友"等流行图案以松、竹、梅代表了君子的理想品质。

说到中国，最容易联想起来的符号是龙，自新石器时代以来人们就在陶瓷上描绘龙的图案，但最生动的还数元朝以来描绘在青花瓷上的那些龙。17 世纪，叙事场景的描绘开始发展为纯艺术，这些场景大多是从那个时期流行的木版书和卷轴文本中复刻而来。

自 1620 年万历皇帝驾崩后，皇家取消了对景德镇窑的控制，从而促进了民间的经济繁荣。尽管 16 世纪被称为"虫蛀痕边"（mushikui）的釉料问题一直持续到 17 世纪，但出口贸易却空前地蓬勃发展。清朝出现了大量样式丰富和品质卓越的器皿，但随着时间的推移，其设计和绘画开始变得过于繁复。由明初开始引进的釉上彩工艺——斗彩和五彩，发展形成康熙五彩和雍正、乾隆时期出口瓷上的玫瑰粉彩的绘画风格，使得出口商品令人垂涎。视觉双关或谐音是当时流行的装饰手段，尤其体现在清朝的釉上珐琅彩中。

出口贸易

1405—1435年，伟大航海家郑和的宝船将瓷器运往中东、非洲，也有人说到达过美洲西海岸（1883年在波斯，一位欧洲旅行者将当地一位君主餐桌旁的明朝大盆描述为与"糖塔"一样大的冰淇淋锥）。事实上，在欧洲人与中国建立贸易之前，中国瓷器已经交易了几个世纪，中国贸易在17—19世纪中叶蓬勃发展。最先受益的是1514年登陆澳门的葡萄牙人。1602年和1604年，荷兰人在新加坡附近俘获了两艘葡萄牙大型商船，数千件瓷器被卖到欧洲，开启了各国国王争相抢购这种珍奇商品的热潮。

葡萄牙人在印度尼西亚和印度之间进行贸易。荷兰东印度公司于1624年在明朝的台湾地区建立了一个贸易站。英国东印度公司于1637年首次登陆广州，但直到荷兰人被驱逐十年后，他们才于1672年取得了在台湾地区的贸易权。

今天，通过海洋考古学，能够获得那个时期极其有趣的出口记录。越来越多的

餐盘，景德镇，1750年
打捞自海尔德马尔森号商船残骸，
直径23 cm
私人收藏
照片：薇薇安·弗利（Vivienne
Foley）

景德镇出口瓷器，1743年
根据乔治·比克汉姆的雕刻定制，
描绘雅各布派的英雄崛起
釉上珐琅彩，圆盘直径23 cm
照片：伦敦维多利亚和阿尔伯特博
物馆

沉船被打捞，其中的瓷器珍品被拍卖。1752年，一艘荷兰东印度公司的商船——海尔德马尔森号（Geldermalsen）在南海沉没。到1985年，这艘船的残骸已经所剩无几，但是超过150 000件瓷器完好无损地躺在海底。在233年后这些瓷器被打捞上来，并终于到达了目的地——阿姆斯特丹的一家拍卖行。

　　从1300年起，景德镇就开始全力向外界供应世界上任何其他地方都无法制造的商品，且瓷器风格和装饰样式是为适应不同市场而量身定制的。要知道，一个龙窑一次可烧出10万件瓷器，其数量非常惊人。尤其是到了清朝时期，这些龙窑可能已被生产效益更高的蛋形窑所取代（详见第7章）。

朝鲜半岛

　　朝鲜半岛在最早期深受中国陶瓷技术和风格的影响，高丽王朝时期，在进口定窑瓷和影青瓷的同时，本土也产出少量瓷器。朝鲜半岛瓷器生产的主要时期是朝鲜王朝时期（1392—1910年），当时朝鲜半岛瓷器的风格开始清晰可辨。比之中国瓷器华丽的釉上装饰和色彩，较简单的形状和有限的釉下颜色更受青睐，尤其是在后期。当地的钴呈现出独特的柔和的灰蓝色，而铜呈现出砖红色。

这些瓷器主要是为国内统治阶层生产的，从来没有大量贸易出口过。而其标志性的月亮罐造型，也许是朝鲜半岛最著名的瓷器造型，至今仍由朴英淑（Park Young-Sook）和文平（Mun Pyung）等当代艺术家制作。

日本

直到明朝最后几十年，日本市场一直仰赖中国出口的瓷器，名为古染付（Ko-sometsuke）。然而17世纪初，有了来自朝鲜半岛和中国的熟悉制作瓷器的陶工能匠，并在有田町发现了瓷石，第一家日本瓷器工厂才终于成立。明朝末年逃离政局动荡的中国陶工在有田町建立了新的标准，这给了荷兰东印度公司开发窑炉的机会。从17世纪50年代后期到1757年是荷兰东印度公司对欧洲和亚洲出口贸易蓬勃发展的时期，也正是日本转向内陆发展、有田烧只供应国内市场之时。

丰富的本土绘画和传统的纺织品不可避免地影响了瓷器装饰。伊万里烧（Imari，从伊万里港出口的有田烧）以几种独特的日本风格制作而成。金襴手（Kinrande）的绘制使用了釉下青花和红色釉上彩，并且由于日本比中国更容易获得黄金，还大量采用了描金。更绝妙的是柿右卫门瓷（Kakiemon），其釉上彩绘流畅，并使用了特殊的釉上彩料。18世纪，九谷烧（Kutani）在西方被大量模仿，与此同时精致的锅岛烧（Nabeshima）则专供日本贵族。

由于日本在17—18世纪闭关锁国，瓷器贸易出口减少，但在其复苏后的19世纪中叶，西方对日本美学的兴趣激增，这种现象被称为日本主义（Japonisme）。

月亮罐，1800—1900年
朝鲜王朝，高36 cm×深12.3 cm
照片：伦敦维多利亚和阿尔伯特博物馆

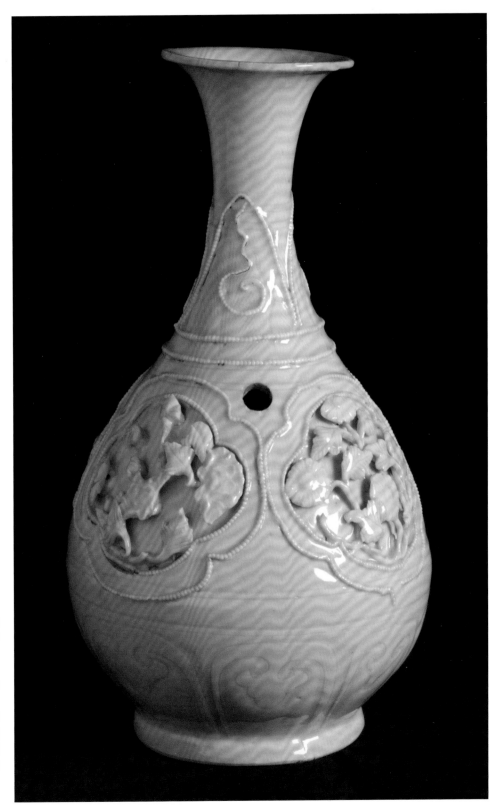

丰山瓶，1300—1340 年
制作于景德镇，被认为是目前所知
传入欧洲最早且流转记录明晰的中
国瓷器
这件元朝景德镇青白釉玉壶春瓶，
应是经西亚陆路抵达欧洲的，最初
的拥有者是匈牙利的路易斯国王，
它是中国大使 1338 年拜访教皇本笃
十二世途中赠予他的礼物。花瓶后
来被镶嵌了银把手和底座，19 世纪
后又移除了，颈部还留有先前连接
金属附件的洞孔
照片：都柏林爱尔兰国家博物馆

欧洲

尽管有几件瓷器从14世纪开始传入欧洲——最早有记载的到达欧洲大陆的是丰山瓶，现在在爱尔兰国家博物馆——但是从16世纪开始才看到这些作品大量出现。

在威尼斯，由于其祖先洛伦佐·德·美第奇（Lorenzo de' Medici）对青花瓷和中国瓷器收藏的热爱，促使了大公弗朗切斯科·德·美第奇（Francesco I de' Medici）资助贝尔纳多·布恩塔伦蒂（Bernardo Buontalenti）尝试复制这些材料。1575年，他成功地生产出一种"软质瓷和硬质瓷的混合物"。最近研究者通过拉曼光谱分析了美第奇瓷，发现它是长石、富含钙的玻璃料和沙子的化合物，而釉料添加了煅烧过的骨头作为乳浊剂。在装饰方面，美第奇瓷受到了当地的马约里卡陶器（Maiolica）及当时银器形状的影响。美第奇瓷从未商业化，存世量极少。此后中国出口的商品大量涌入欧洲，导致其对瓷器技术的探索停滞了。东印度公司经常将瓷器装在茶叶箱中，从而激发了欧洲上流社会，尤其是英国的上流社会人士对茶叶与瓷器的双重热情。

在17世纪末的法国，瓷器的烧制有了新的进展。高岭土在法国虽不为人知，但1673年在鲁昂烧制出了软质瓷，1700年在国王的兄弟奥尔良公爵（Duc d'Orleans）的保护下，圣克劳德的奇卡诺家族（Chicaneau family）使其产品获得了商业上的成功，并一直持续到1766年。这些带有镀金和彩色装饰的瓷器为有史以来最疯狂痴迷瓷器的盛宴奠定了基础。1757年那不勒斯附近的波尔蒂奇皇家别墅里的瓷器室就是这些疯狂行为的例证。1763—1765年，西班牙的布恩雷蒂罗工厂紧随其后，为阿兰胡埃斯宫的瓷器室生产软质瓷。

直到18世纪末，法国一直在皇室赞助下继续在尚蒂伊和门内西生产软质瓷，从那时起，这种风格从东方模式转变为盛行的洛可可风格，用镶嵌着鲜花造型和多愁善感的人物的瓷器来吸引当时的贵族。

1756年，塞弗尔开办了一家杰出的法国瓷器工厂，以水仙黄、粉红色和绿色为基调，创造出蓬巴杜夫人钟爱的设计。然而，这种风格的存在只是昙花一现，在蓬巴杜夫人于1764年去世后，这种风格便被更加克制的审美所取代。

下图：蓬皮杜玫瑰粉底茶壶，1775年
塞弗尔瓷器厂，珐琅彩绘，并由让·布歇（Jean Bouchet）镀金，高16.2 cm
照片：伦敦维多利亚和阿尔伯特博物馆

终于，斯特拉斯堡彩陶制造商保罗·汉农（Paul Hannong）从德国进口高岭土后，研制出一种法国硬质瓷（后来在利穆赞地区发现了高岭土矿床，这使得利摩日成为主要的瓷器制造城市），其第一批成功出品的瓷器于 1769 年被献给了国王。

1789 年法国大革命后，塞弗尔工厂转为国有，19 世纪的软质瓷最终被废弃。拿破仑时代瓷器的进一步发展偏好帝国风格，这需要在瓷器表面上展现绘画的精湛技术。

在德国，博特格对真正的硬质瓷的研发和他对窑炉技术的理解在梅森瓷厂得到了充分的应用，到 18 世纪中期，有 23 家瓷器厂在德国各州使用梅森配方。

上图：咖啡壶和盖子，1845—1847 年
塞弗尔瓷器厂，彩绘和镀金着路易菲利普国王的字母组合，高 16.2 cm
照片：伦敦维多利亚和阿尔伯特博物馆

右图：一对长尾小鹦鹉，19世纪末
梅森瓷器厂，高 26 cm
私人收藏
照片：薇薇安·弗利（Vivienne Foley）

英国

在1744年和1749年的英国，爱德华·海林（Edward Heylyn）和托马斯·弗莱（Thomas Frye）获得了使用煅烧动物骨骼的类瓷材料的专利，与此同时，"弓瓷厂"（the Bow Porcelain Factory）成立。在接下来的几十年里，韦奇伍德（Wedgwood）、斯波德（Spode）和明顿（Minton）工厂纷纷在特伦特河畔斯托克（Stoke-on-Trent，简称斯托克）成立。在世纪之交，大多数英国工厂使用所谓的"骨瓷"，为当时英国工业发展做出了主要的贡献。

尽管从16世纪初开始，从中国进口的商品就源源不断地进入贵族家庭，但18世纪英国最早的本地瓷器更多地受到来自梅森和塞弗尔瓷器厂的欧洲风格影响。即便如此，英式风格仍然可以辨认，尤其是来自举足轻重的切尔西瓷器厂的迷人软质瓷雕像。一个具有代表性的例子是1765年出产的洛斯托夫特（Lowestoft）水壶，壶上以釉上彩绘制了一场进行中的板球比赛。从18世纪中叶开始，在布里斯托尔、利物浦、伍斯特和德比也纷纷建立起著名的瓷器工厂。

《音乐课》，1765年
切尔西瓷器厂，软质瓷，彩绘珐琅和镀金，高40.6 cm×宽27.9 cm
照片：伦敦维多利亚和阿尔伯特博物馆

《瓜状糖罐与托盘》，约1755—1760年
朗顿霍尔瓷器厂，斯塔福德郡，英格兰，绘有珐琅彩的软质瓷，糖罐高14.9 cm×长16.2 cm，托盘长24.4 cm×宽17.8 cm
照片：伦敦维多利亚和阿尔伯特博物馆

在康沃尔郡，一位名叫威廉·库克沃西（William Cookworthy）的药剂师独自烧制出了真正意义上的硬质瓷。早在1745年，他发现当地就存在着大量烧制瓷器所需的基础材料——瓷土和瓷石。直到1768年，他终于取得了一项专利，即便如此，生产瓷器仍困难重重，因此股东于1781年将股份出售给了斯塔福德郡的一个陶工合作社。正是从那时起，北斯塔福德郡地区成为全球瓷器生产中心，一直持续到20世纪后期。

到19世纪末，陶器的工业化生产几乎使欧洲的独立陶艺家的创作绝迹。然而，法国和德国在新艺术运动（Art Nouveau）的影响下，开始涌现出制作各种实验性釉料和陶瓷的艺术工作坊。

海峡对岸，发生在英国的工艺美术运动（Art and Crafts Movement）对当时的西方艺术价值观产生了重大影响。在19世纪60年代初期，包括罗塞蒂（Rossetti）、伯恩·琼斯（Burne-Jones）和福特·马多克斯·布朗（Ford Madox Brown）在内的前拉斐尔派画家与威廉·莫里斯（William Morris）合作，推动了艺术家和工匠联手合作的哥特式复兴（Gothic Revival）。他们相信工业化使社会变得贫瘠，并努力通过手工制作的家具和纺织品来恢复手工艺的价值。就陶瓷艺术家而言，他们的高温器皿以实用主义为主，而且几乎完全是炻器。

在20世纪的两次世界大战期间，一位杰出的人物——伯纳德·利奇（Bernard Leach）在英国开创了以工作室为单位制作陶器的方式。他出生于中国香港，曾在日本生活和工作，深受远东美学的影响。他于1920年在康沃尔创立了他的制陶工坊，在那里他开发了来源于当地的黏土和釉料，包括一种瓷土。他也是工艺美术运动的有力推动者。

另一位杰出人物露西·里女爵士（Dame Lucie Rie），于1939年作为难民从纳粹占领的维也纳来到伦敦。她的现代主义背景和完全独立的工作方法与利奇完全相反。直到1995年去世，她一直在制作独特的瓷器，享年93岁。露西·里女爵士的作品至今仍对选择从事陶瓷工作并探索其可能性的陶瓷艺术家产生重大影响。

美国

1784年，借欧洲政局动荡的时机，新成立的美利坚合众国开始寻找自己通往远东的贸易路线。此后，美中贸易得到加强，1784—1844年美国与中国广州之间的贸易航行不下520次。

19世纪80年代，瓷器由都柏林移民兼船长本杰明·富勒（Benjamin Fuller）进口到美国。一些特别定制的军队徽章在广州进行釉上彩的绘制，而素坯却产自景德镇。广州瓷器非常受欢迎，瓷器上经常描绘着帆船，这对商人阶级很有吸引力。

虽然美国可以开采陶瓷原料，但却缺乏制作瓷器的熟练工。古塞·邦宁（Gousse Bonnin）和乔治·安东尼·莫里斯（George Antony Morris）于1770年开始创业，但仅持续了两年。1825年，来自费城的贵格会教徒兼雄心勃勃的业余企业家威廉·埃利斯·塔克（William Ellis Tucker）开始了对瓷器制作的探索。他创办了第一家向国内市场供应纯美国生产瓷器的工厂，尽管这并非没有挑战——他们甚至发现一名员工被英国竞争对手买通并恶意地使所有瓷器的把手在烧成过程中脱落。他们一直营业到1841年，直到廉价的欧洲进口商品占领了市场。

总结

一个半世纪过去，瓷器的历史还远远没有结束。21世纪的瓷器是一种具有独特性能的高科技材料，具有低比重和抗紫外线的优点，其光学、电子、声学和磁学特性可用于航天、航空、建筑和造船行业。同样重要的是，当今全世界的陶瓷艺术家们仍以自己独特的创作方式，不断地拓宽这种极其美丽的材料的可能性。

伟大的收藏家

欧洲的伟大收藏家们一直是后人了解瓷器历史的关键，我们越来越多地与这些收藏品接触，继续扩大对该学科的理解，不论是对于欧洲还是远东地区的瓷器历史。博物馆的藏品往往是包罗万象的，而收藏家则更加专业，他们往往专注于一个特定的时代，以进行更深入的学术研究。

"强力王"奥古斯都二世如此痴迷于收集瓷器，他不仅放弃了一整支军队，用600名士兵与普鲁士国王交换了139件瓷器，还收藏了超过20 000件瓷器（足以填满他在德累斯顿的宫殿），这些驱使他制作出第一件真正的硬质瓷，从而永远改变了这门学科的历史。

英格兰的玛丽二世（1662—1694年）也是一位重要的收藏家。作为威廉三世（奥兰治，同时统治荷兰）的女王，她能够利用荷兰东印度公司获得大量进口到荷兰的瓷器。

在20世纪，埃里卡·保尔斯·艾森贝斯博士（Dr Erika Pauls-Eisenbeiss，1910—1973年）和埃米尔·保尔斯博士（Dr Emil Pauls，1901—1973年）在20年内从德国四大工厂——梅森、霍赫斯特、弗兰肯塔尔

竹子造型的酒壶，中国，1662—1675年（康熙早期）
高13.4 cm
巴特勒家族收藏
照片：薇薇安·弗利（Vivienne Foley）

和路德维希堡收集瓷器，并在学术上做出了重大贡献。同一时期，有两位杰出的英国人也积累了卓越的陶瓷藏品。珀西瓦尔·戴维爵士（Sir Percival David）是一位商人、学者和收藏家，他于1927年首次访问北京故宫并开始购买陶瓷，这些陶瓷构成了中国以外最大的收藏（10—18世纪）。他的基金会促进了对该学科的学术研究，目前约有1 700件物品收藏在大英博物馆的一个专门的馆藏中。

我们这个时代最伟大的17世纪中国瓷器收藏家无疑是迈克尔·巴特勒爵士（Sir Michael Butle，1927—2013年）。他于1959年开始收藏，在他作为外交官的职业生涯中，默默无闻地拯救了17世纪的瓷器，为人们了解这一时期的瓷器做出了重大贡献。长期以来，人们一直认为，在1644年满族入侵结束了明朝并暂时结束御窑之后，瓷器的质量也下降了。通过50多年的收藏，迈克尔爵士已经证明，私人的窑坊不断创新，具有非凡的多样性、技巧和想象力，生产出了一批又一批品质卓越、美丽绝伦的瓷器。

第 2 章

何为瓷

瓷器是由一种由白色、细腻、加工过的黏土，在 1 200 ～ 1 400℃的温度下烧制而得。在接下来的章节中，我们将探索它的定义、特性，以及这种非凡材料带来的激动人心的可能性。瓷泥由天然形成的矿物原料所组成，特别是这三种：瓷土（高岭土）、钾长石和石英。

花岗岩是最常见的火成岩之一，是大陆地壳的主要组成部分，但其成分因地理位置而异。花岗岩主要由三种矿物组成：长石、云母和石英。这些是构成瓷泥所需的基本要素，成分变化决定了陶瓷产品最终的特性。花岗岩是一种侵入性火成岩，由聚集在地球深处的岩浆结晶形成，其缓慢冷却产生长石、云母和石英的大晶体，在其结构中很明显。随后来自地核的热酸性气体的衰变作用逐渐将长石转化为高岭土。

由于生产瓷器所需的两种主要成分（高岭土和石英）具有高度耐火性，或（就石英而论）低塑性，因此需要添加少量添加剂，如球土、膨润土或金刚砂，以生产可加工的瓷泥。这些添加物（包括少量铁）必然会损害成品瓷器的白度，并且会增大收缩率，这也就解释了陶瓷艺术家所面临的一些主要挑战。

高温炻器和瓷器的区别很小，炻器有时颜色也很浅，这两种材料都属于高强度且其玻璃化与烧结温度均为 1 200℃以上。然而，瓷器有几个突出的品质使其成为一种对艺术家非常有吸引力的材料，也确保了它在各种陶瓷行业中的重要性。

瓷器因其洁白、光滑的质地，以及其薄壁和边缘的透光性而受到制作者的青睐。同时正如我们所见，制作者在追求瓷泥本身的品质与其实用性或可塑性上只有一线之隔。球土和膨润土含有铁元素，会使黏土成色变暗并在性质上接近炻器，事实上，这些黏土中的大多数应该被描述为瓷质炻器。

中国北方地区的高岭土矿层（7世纪初最早的瓷器所用的黏土来自这些矿层）是沉积而成，在石炭-二叠纪与相邻煤层同时形成，富含黏土，但铁含量异常低，通常含有天然熔剂，使它们在高温烧制时成为完整的材料。

从10世纪开始生产的中国南方瓷器与北方瓷器大不相同，南方瓷器更类似于当时该地区已经在生产的炻器，是基于风化岩石而不是沉积黏土。

高岭土开采于江西省景德镇以北的高岭山，在更南边的三宝发现了瓷石。瓷石由石英、助熔剂水云母和含铁量低（约0.6%）且仅含少量钠长石的原生黏土组

左图：李家珍（Lee Ka Jin）
《水滴系列》，2012年
拉坯成型，还原烧制1280℃，尺寸不一（约33 cm×33 cm×25 cm）
照片：首尔LVS画廊

景德镇附近高岭山的瓷石
照片：薇薇安·弗利（Vivienne Foley）

成，烧制的器物呈白色半透明状。这种风化和分解的石英/云母瓷岩被称为白墩子（petuntse），加工后即可使用。瓷石在景德镇的露天采石场开采，在那里，石头被水碓碾碎，然后以易处理的砖块形式运送到景德镇的陶器作坊。此产区推动了陶瓷生产的革命，并向全世界出口瓷器长达700年。

与中国高岭土一样，在西方开采的高岭土也是原生黏土。这些制作瓷器的材料是在它们的母岩上形成的，数千年来主要靠地下水的侵蚀渗透而成。这些黏土相当稀有，存在于从地表可触及的矿坑中，因此露天开采后进行复原也相对容易。

与此对应的是所谓的次生黏土。这些黏土，例如炻器或陶器（红陶），由许多不同的元素组成，这些元素也经历了数百万年来岩石的地质风化。它们被风和水运走，沿途收集了许多杂质，如铁和含碳物质。它们存在于全球河床和河口的巨大矿床中，也可以从源头开采。经过必要的清洗和分级以去除有机物和石子后，它们就可以像刚从地里挖出来的时候一样用于制造陶瓷了。

因此，黏土的化学成分与整个地球表面的平均成分非常相似。

当今景德镇生产中的大型瓷器，也为许多国际陶艺家提供驻留创作

下图拍摄于景德镇，几人同时拉制大件器形的场景
照片：弗丽斯蒂·阿里芙（Felicity Aylieff）

瓷器：主要成分及其起源和地质构成

为了了解它们在瓷器中的功能，仔细研究其主要材料及来源是很有必要的。

瓷土（高岭土）（$Al_2O_3 \cdot 2SiO_2 \cdot 2H_2O$）

- 瓷土（高岭土）是原始花岗岩中的长石在地质风化作用下就地形成的一种原生黏土。通常，这些沉积物是在1亿年前的白垩纪时期热带雨林地区炎热潮湿的条件下形成的。
- 高岭土经由一系列复杂的事件而形成。当熔岩仍在冷却时，它受到蒸汽、硼、氟和锡蒸气的攻击，所有这些都作用于长石的碱性成分并将其转化为高岭土。
- 高岭土是一种层状硅酸盐，在全球许多国家均有开采和加工。根据矿层的纯度，颜色从粉红色到纯白色不等。
- 高岭土需经过处理以去除天然存在的物质，例如石英、氧化铁和钛氧化物及有机物。
- 世界上最大、最纯净的高岭土矿床位于英国康沃尔郡，1746年被发现于惠尔马丁矿坑（Wheal Martyn），至今已经开采了1.2亿吨，预计储量还可持续开采100年。

英国康沃尔郡惠尔马丁黏土坑
照片：惠尔马丁瓷土开采旧址郊外公园

轮斗，英国康沃尔惠尔马丁黏土坑
照片：惠尔马丁瓷土开采旧址郊外
公园

- 到19世纪初，英国的高岭土工业已成为一项大生意。1910年，高岭土年产量达到100万吨，其中75%被出口到美国。
- 今天，80%的高岭土被造纸业用于纸张的涂料，12%用于制作陶瓷，其余的广泛用于从油漆到化妆品的各种应用。

以下是高岭土最大的产地及其种类信息。主要国际生产商如下：

美国：主要的高岭土矿床位于佐治亚州、北卡罗来纳州和佛罗里达州。佐治亚州所谓的高岭土带是美国主要的黏土生产地，其制造的瓷土产品世界领先。此地沉积物中含有少量金红石，其颜色比英国高岭土稍深。

佛罗里达EPK是一种独特的高品质水洗高岭土。不同寻常的是，它是在冲积环境中形成的一种沉积黏土。它具有粒度细和生坯强度高的特性，比其他高岭土更具可塑性，并且可以烧出干净的奶油色。它同时具备良好的注浆成型特质。

捷克：拥有大规模的石炭纪沉积矿床，是世界第三大高岭土产地。其中一种优良的高岭土是来自卡尔斯巴德的采特利茨（Zettlitz）高岭土，历史上它曾被许多著名的欧洲瓷厂使用，但现在主要应用于德国绝缘体行业。

法国：在法国开采的高岭土用于制作塞弗尔和利摩日瓷器。

澳大利亚：昆士兰北部和澳大利亚西南部的高岭土矿床目前正在进行商业开采。

新西兰：在新西兰北部马陶里湾开采的高岭土矿床属于火山成因矿，据称是世界上最白的高岭土矿床，用其生产的瓷器和骨瓷具有卓越的强度和通透性。

钾长石（$K_2O \cdot Al_2O_3 \cdot 6SiO_2$）；
钠长石（$Na_2O \cdot Al_2O_3 \cdot 6SiO_2$）

- 长石是地球上最常见的矿物质，也是火成岩和变质岩的主要成分。它们具有不同的成分，但都具有相似的晶体结构。
- 在花岗岩中发现的长石是一种铝硅酸盐矿物，其中钾盐、碳酸钠或石灰的浓度可高达母岩的60%。
- 长石含有的元素足以用来制作釉料，其中包括钾盐（作为助熔剂）和二氧化硅。
- 钾长石或正长石归为一类，是用于瓷胎最常见的助熔剂；苏打长石或钠长石则是另一类。这是瓷器制造者最常用的两种材料。

长石的大型矿藏分布在美国、加拿大和斯堪的纳维亚（北欧地区），英国有小型矿藏。

石英（SiO_2）

- 石英是一种结晶矿物，是花岗岩及其他火成岩、变质岩和沉积岩（如砂岩和页岩）的主要成分。
- 全世界大约70%的陆地蕴藏着含硅岩石，它们之间有着极大的差异，或极端坚硬如石榴石，或极度柔软如石棉。
- 石英的结构坚硬耐风化。它与宝石密切相关，因为它的微晶品种产生了许多半宝石，如紫水晶。在陶瓷工业中，石英为黏土和釉料提供二氧化硅。由于其尖锐的晶体结构，它的粉末形式被认为具有危害性。

瓷器胎体所需的增塑剂

球土

球土是次生黏土或沉积黏土，主要通过水的作用从其起源地搬运而来。球土常见于英国古老的湖床中，夹杂着钛、铁及含碳物质。球土的粒度极细，这使得它们非常具有可塑性。

膨润土（$Al_2O_3 \cdot 4SiO_2 \cdot H_2O$）

膨润土通常是在水的作用下，由火山灰风化形成的。它是一种吸水性极强的层状铝硅酸盐，一种主要由蒙脱石组成的不纯黏土，具有多种工业用途。由于其膨胀倾向，它是废弃核燃料处理过程中有效的密封剂，而其出色的胶体特性使其可用作石油和天然气工业中的润滑剂。它还是富勒土（一种工业清洁剂）的主要成分。在地中海地区发现的一种由海水作用形成的较白的钙基膨润土，被证明可用于制造大卫·利奇（David Leach）的瓷泥配方。

硅藻土

硅藻土中90%是水辉石，源于史前白垩纪的火山灰。它是一种柔软、油润的黏土矿物。

第 3 章

制作可用的瓷泥

1965年，当我第一次开始用瓷泥拉坯时，市场上几乎没有加工好的瓷泥可以选择。我一直使用1146号瓷泥［由英国当地的商业陶器黏土公司（Potclays）生产］，直到2001年它停止生产。这种瓷泥是一种含有滑石的带电体，在工业上用于制造绝缘体。虽然用它来拉坯可塑性强且坚固，但是不具有通透性。然而通透的胎体是可实现的，特别是大卫·利奇使用的瓷泥，它基于格罗莱格(Grolleg)瓷土，从20世纪60年代中期开始由波德莫尔氏牌（Podmore & Sons）销售。之后，在20世纪70年代，哈里·弗雷泽（Harry Fraser）开发了自己的瓷泥，同样非常具有可塑性和通透性，后来由陶器黏土公司投入生产。

如今，英国的主要供应商生产着各式各样的瓷器，以满足大多数市场需求。英国生产的瓷胎通常在1 240～1 280℃下烧成，而欧洲瓷胎须在1 300℃下烧成。

制造者面临的挑战始终是哪个应该优先考虑：是为胎体设计合适的釉料，还是相反？我认为前者更容易。这使得烧结温度应被作为先决条件（参见第6章，胎釉结合，第116页）。

可以通过尝试多种市面上的商业泥料，甚至将它们以不同比例混合，以达到个性化的需求。对于任何独立售卖的瓷泥种类，厂家都会提供收缩率、吸水率、热膨胀系数、硬度、质地和烧结温度范围的具体数据，以及其还原或氧化的适宜性。

从历史上看，瓷泥一直被认为是不适合手工制作的材料，因为它在局部过厚或不均匀时容易开裂，但如今随着纸黏土的出现，它已成为一种令人兴奋的雕塑媒介。

瓷泥必须因材施用，适用于拉坯、雕塑，或倒模注浆成型，后者在商业生产中更为常见。艺术家必须根据瓷泥特性做出选择。

确定瓷胎构造中哪些品质最被需要是很重要的。创作小型作品的艺术家可能最看重通透性，而制作大型拉坯作品的人可能认为这没有必要。不可避免的是，一个像拉坯泥一样表现良好的瓷泥必须用含铁添加剂以满足其可塑性。大多数制作者要求瓷器中尽可能地不含铁，但通常只能以牺牲可塑性为代价才能达到极高的白度。澳大利亚产的LB南冰瓷泥（LB Southern Ice）是一个例外，该公司因其瓷泥极高的白度和良好的拉坯性能而广受赞誉，同时还有一些制造商声称能够提供含铁量极低的膨润土和增塑剂。

左图：杰里米·科尔（Jeremy Cole）
《白亚麻》，2008年
注浆成型，LED照明，95 cm×90 cm
照片：杰里米科尔新西兰灯饰有限公司

对注浆成型的作品而言，可塑性则可能不是那么必要。鉴于石膏模具的吸水率，高岭土的大粒径反而是一种优势。

选择材料：不同材料在瓷器中的功能

依本章后面所述，个人完全可以调制自己的瓷泥配方，虽然自己调制瓷泥在时间、精力和材料方面都是一项巨大的投入。鉴于有如此出色的市售瓷泥品种可供选择，尝试使用这些黏土要容易得多，直到了解每种黏土的用途及哪种最适合自己。大多数大型供应商会出售1 kg左右的小包装或寄样品供客户试用。但是，在时间允许的情况下，设计自己专有的瓷泥将是非常有助于深入理解材料的练习。

瓷土（高岭土）——熔点1 770℃

- 高岭土是制作瓷泥的主要成分，通常占比为50%。
- 高岭土的粒径相对较大，因此可塑性很低。
- 高岭土含有氧化铝和二氧化硅，这两种材料都是非常难熔的材料，因此高岭土的熔点很高。英国的高岭土含有云母这种天然助熔剂，因此需要较少的长石。
- 佛罗里达州的高岭土比英国的高岭土的可塑性稍强，后者更白、更适合制作有通透性的胎体。在美国，将两种高岭土混合使用很常见。

长石——熔点1 200℃

钾长石（$K_2O \cdot Al_2O_3 \cdot 6SiO_2$）

长石提供了瓷泥中主要的助熔剂，能促进石英和黏土的熔化。通常长石的占比为25%。

钾长石或正长石（硅酸铝钾）是配制瓷泥最常用的助熔剂。它是一种氧化铝含量较高的结晶矿物，在炻器烧结温度下会缓慢熔化成白色黏稠的玻璃状。

配制瓷泥通常使用钾长石，它比钠长石更难熔。

钠长石（$Na_2O \cdot Al_2O_3 \cdot 6SiO_2$）

钠长石（硅酸铝钠）是比钾长石更强大的助熔剂，可以呈现更明亮的颜色，这在瓷器釉料中是一个优势。它的温度范围比钾长石更有限，在1 200℃时挥发，可用于降低胎体的烧结温度范围。

应选择铁和二氧化钛（TiO_2，用于生产钛的原材料）含量低的长石。

康沃尔石（$K_2O \cdot Na_2O \cdot Al_2O_3 \cdot SiO_2$）——熔点 1 250 ～ 1 350℃

康沃尔石是上述长石的有效替代品，它是一种粉状白色花岗岩，主要是石英、长石和云母的混合物，可用作助熔剂。康沃尔石比其他常用的长石具有更高的温度范围，这会提高物体的烧结温度。Potclays Stone（英国陶器黏土公司的商业合成石）则是一种人工合成的替代品。

霞石正长岩（$NaK_2O \cdot Al_2O_3 \cdot 5SiO_2$）——熔点 1 100 ～ 1 200℃

霞石正长岩也可以在主体和釉料配方中代替一些长石。它是长石和角闪石的矿物混合物，其较低的熔点意味着它可能使成瓷的胎体强度下降，使釉料硬度增强。

长石是釉料配方中的主要助熔剂（45% ～ 50%），添加约5%霞石正长岩即可使烧成温度降低两个温锥。

球土（$Al_2O_3 \cdot 2SiO_2 \cdot 2H_2O$）——熔点 1 100 ～ 1 200℃

添加到瓷泥中的球土的百分比通常为10%，它与瓷土共占瓷泥总质量的约50%。

高可塑性球土的品种繁多。由于含铁量低，英国的球土往往会烧成非常浅的颜色，并已广泛用于白坯陶瓷的生产。球土粒度细、可塑性高，添加10%左右就可以对瓷泥有相当大的改善。球土还可提高生坯的强度，使其更容易操作，烧成的胎体也更加致密和坚固。

石英——熔点 1 710℃

通常，瓷泥中含25%的石英，且其必须与助熔剂一起使用。它与来自长石和黏土的莫来石在烧制基质中形成晶体结构。石英可能有些不透明，因此当通透性至关重要时，需要谨慎选择它。石英通常会增加胎体膨胀度并使胎釉结合紧密，然而胎体内的石英成分太少则会使釉面开裂。

燧石（SiO_2）——熔点 1 700℃

燧石由某些类型的高硅岩石研磨而成，通常用作石英的替代品，作为主体和釉料中二氧化硅的来源。

膨润土（$Al_2O_3\ 5SiO_2\ 7H_2O$）

膨润土可以吸收10倍于其重量的水，并且重量可以达到其干重的18倍。由于其形成的堆叠片状结构没有羟基，它具有极强的可塑性并能形成一种光滑的凝胶。将其极少量地添加到瓷泥中便可以改善拉坯成型的质量，但添加太多会使黏土黏得难以操作。膨润土所含的铁元素也会影响成瓷的颜色。

硅藻土

硅藻土含有更少的氧化铁，因此可用作瓷泥中膨润土的替代品。它能增加瓷泥的可塑性，但由于其更强的吸水性，也会使瓷泥的收缩率增加。硅藻土的用量应当非常少，即不超过黏土体总重量的1.05%～3%。在加入黏土前，硅藻土需要与温水充分混合。

市售瓷泥

在英国，成品瓷泥的主要制造商和供应商位于斯托克的传统陶器产区。这里瓷泥种类繁多，可以满足大多数用途。瓷泥通常以12.5 kg的袋装形式出售，不同品牌的瓷泥含水量可能略有不同。大多数陶艺制作者更喜欢购买偏柔软的瓷泥，然后把干湿度控制在理想的范围。

瓷泥有两种制备方法，以获得不同纯度的成品。第一种是盘磨，它能控制水和熟料的含量，但可能会引入一些污染物。另一种方法是泥浆筛练，它能生产出光滑细腻的瓷泥。瓷泥以泥浆的形式被精细筛分，并大批量制备。这种净化后的泥浆要经电磁铁去除所有铁颗粒，然后泵入压滤机进行脱水，再进入练泥机。

70多年来，陶器黏土公司一直是英国领头的供应商，并在斯塔福德郡开采自己的黏土矿。他们有专门的工厂生产5种不同的瓷泥，以及使用LB南冰瓷泥的注浆泥和纸黏土，其粉料经过了150目筛过筛。

瓦伦丁黏土公司（Valentine Clays）使用了来自新西兰和康沃尔的瓷土，所有的瓷泥都是使用泥浆筛练法练制成的。在一个专门设计的搅拌机中，切碎的块状材料与水混合，再过筛并通过电磁铁来去除所有铁杂质，然后进行压滤，最后进入练泥机。

瓦伦丁黏土公司的瓷泥以6.5～7.5的中等黏稠度输出，并由黏土硬度测试仪测量。其瓷质纸黏土是使用精制粉末和纤维通过干混法制成的。

该公司所有的注浆料和浇注料都是由各种黏土与水加解凝剂混合制成，并通过不同型号的搅拌机，以达到所需的品脱（1品脱=0.568升）重量。

右图：使用练泥机挤出泥条
照片：斯托克的瓦伦丁黏土公司

下图：陶瓷压滤机
照片：斯托克的瓦伦丁黏土公司

项　目	瓷土类别 P=陶器黏土公司 V=瓦伦丁黏土公司	质地/颜色 T=透光性用法	烧制温度范围	延展性	是否适合拉坯	回收后的延展性
英国供应商和制造商的各类瓷土特性						
中小型拉坯成型器皿	P：南冰（Southern Ice）	T=非常好 非常光滑/纯白色	1 220～1 300℃	良好	不适合	良好
	P：冷冰（Cool Ice）	T=非常好 非常光滑/纯白色	1 180～1 230℃	良好	不适合	良好
	P：DL泥 （DL Porcelain）	T=一般 非常光滑/纯白色	1 220～1 290℃	非常好	非常好	非常好
	V：冰川泥 （Glacier Porcelain）	T=非常好 非常光滑/纯白色	1 250～1 280℃	非常好	非常好	非常好
	V：P2	T=一般 光滑/白色拉坯，捏塑，注浆	1 220～1 250℃	良好	良好	非常差
	V：皇家（Royale）	T=良好 非常光滑/纯白色拉坯，捏塑	1 180～1 280℃	非常好	非常好	非常好
	V：玛格丽特·弗里斯 （Margaret Frith）	T=一般 光滑/白色/带些许斑点	1 180～1 280℃	非常好	非常好	良好
	V：明泥 （Ming Porcelain）	T=良好 光滑/白色拉坯，捏塑	1 220～1 280℃	非常好	非常好	非常好
手工制作、雕塑、捏塑	V：奥黛丽·布莱克曼 （Audrey Blackman）	T=非常好 光滑/纯白色拉坯，捏塑	1 180～1 280℃	非常好	非常好	良好
	V：含砂泥（Grogged）	T=透光 加入白色瓷砂莫来石 （molochite）*/有肌理/白色	1 180～1 280℃	—	—	一般
	V：特殊泥（Special）	T=一般 非常光滑/纯白色/加入膨润土	1 250～1 280℃	良好	良好	一般
大型拉坯成型和建构器型	V：工业泥（Industrial）	T=不透光 光滑/米白色/微糯/些许铁点	1 180～1 220℃	良好	良好	良好
	P：JB泥（JB Porcelain）	T=透光光滑/米白色	1 220～1 290℃	良好	良好	一般
	P：哈里·弗雷泽泥 （Harry Fraser Porcelain）	T=不透光光滑/非常白	1 220～1 290℃	非常好	非常好	良好
纸黏土塑型	P：南冰（Southern Ice）	T=透光白色/有肌理	1 220～1 300℃	—	—	一般

* 莫来石（molochite）：英国康沃尔地区的高岭土经隧道窑高达1 525℃的温度下煅烧数天制备而成

艺术家配方

不少艺术家根据自己的需要开发了一些瓷泥配方。多萝西·费伯曼（Dorothy Feibleman）以她的彩色绞胎器皿而闻名，奥黛丽·布莱克曼（Audrey Blackman）用泥片捏制人物雕像，而大卫·利奇则延续了拉坯成型的日用瓷的家族传统。他们都与斯托克的制造商合作，为瓷器艺术家生产可量产的瓷泥。

泥浆或化妆土

泥浆的成分必须尽可能接近胎体的成分，其实可以直接把制坯所用的瓷泥稀释后，以泼、喷、刷或画花的方式施于生坯上。

我通过回收修坯过程中产生的碎屑来制作瓷泥浆，这些碎屑可以很容易地被碾碎，浸泡一夜后用120目筛过筛。然后我对它们进行调整，以便按50：50的湿重比添加已调配好的彩釉，并将其喷在素坯上。如果需要，我还会在再次过筛之前进一步添加釉料色粉以调整颜色。

另一个可以尝试的配方是60%长石、40%瓷土，外加不超过8%的着色颜料。

尹柱哲（Yun Ju Ched）
《Cheomjang 111225》，2011年
尖装技法，每一个突起是用瓷土浆一层层点在器物上形成的，高
17 cm × 直径17 cm
照片：韩国工艺设计基金会

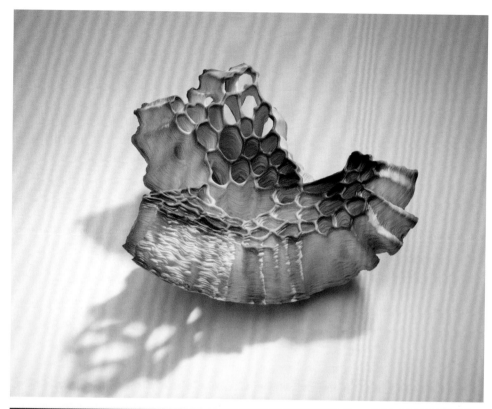

左图：西塞尔·哈努姆（Sidsel Hanum）
《蓬圭》，2010年
在石膏模中以线状泥浆涂绘法层层堆叠而成，长12.5 cm
照片：奥斯陆Format画廊

左图：莫妮卡·帕图申斯卡（Monika Patuszyńska）
《转变》，2010年
用粉碎和重组后的石膏块做成的石膏模注浆而成，高26 cm
照片：切斯瓦夫·切维斯祖克（Czeslaw Chwiszczuk）

右图：深见陶治（Sueharu Fukami）
《无题》，2012年
注浆成型，青白釉，花岗岩底座，高138 cm×宽33 cm×深28 cm
照片：东京Yufuku画廊

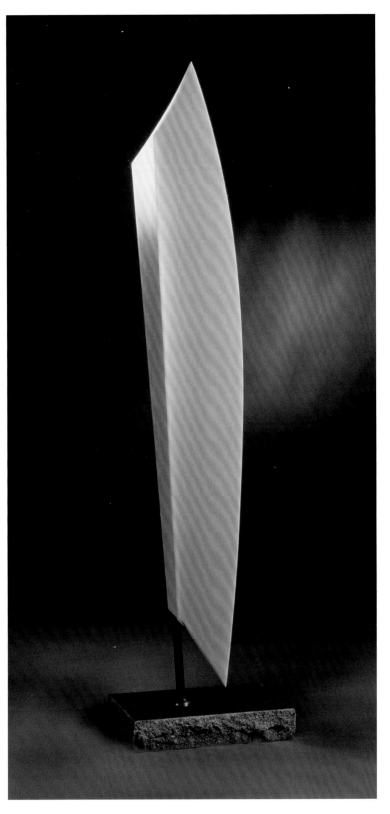

用于石膏模具注浆的浆料

使用石膏模具来注浆成型是一种适用于小型工作室的工业流程。

一些供应商提供粉末形态的黏土，也有预先制备的粉末或液体形式的注浆料混合物，并添加一定的解凝剂。陶器黏土公司在LB南冰瓷泥中加入亚麻纤维以生产纸黏土注浆料。

陶器黏土公司的泥浆有特定的比重（或升重——一种表示物质密度的度量单位），即1.7～1.8（每品脱34～36盎司，1盎司=28.350克）。这些泥浆已加入了解凝剂以备使用，但每加仑（1加仑=3.785升）可以再加几滴水玻璃（Sodium Dispex）稍微稀释。

工作室操作

除了浇筑石膏来制作模具外，还需要搅拌设备以制备高质量的泥浆：比如专业的搅拌机或（如果是小规模制作）配备搅拌头的强力电钻。制备大量泥浆时，必须将其搅拌至少一个小时，最好是几个小时，以获得完美的悬浮状态的泥浆。

在工作室自制泥浆时，可以用干燥的瓷泥粉末加上一些硅酸钠和碳酸钠来制作注浆料，只需要添加0.25%～0.5%的解凝剂（通常是硅酸钠和碳酸钠）和水。解凝过的泥浆优点在于黏土和水混合时只需要一半左右的水，因此模具不会太过湿润，干燥时间会加快。只有黏土和水的泥浆也会在模具中过度收缩并容易黏住。市售产品水玻璃也可用于调整泥浆的稀释度。

解凝剂添加过多会导致注浆坯开裂和粘黏在模具上，添加不足则会导致泥浆在静置时变稠。

澳大利亚黏土工厂（Clayworks Australia）使用LB南冰瓷泥制作泥浆的配方是：10 kg瓷泥块、4 g碳酸钠、12 mL硅酸钠、5～10 mL分散剂和2.2 L水，混合步骤如下：

- 首先将所有碳酸钠溶解在20 L容积桶内的 2 L水中，然后加入硅酸钠，充分混合。
- 加入削碎的泥块，并用配有搅拌头的强力电钻将其彻底混合。
- 根据需要每次加入少量分散剂。
- 当泥浆充分混合并达到可使用的稠度时，静置24 h。
- 再次彻底搅拌混合，如果需要，使用1%的硅酸钠水溶液重新调整黏稠度。
- 如有强磁铁，可以将混合物通过强磁铁吸除杂质。
- 升重可低至1 650 g/L。
- 注意：不要在泥浆中加入未稀释的硅酸钠。

进一步阅读，请参阅参考书目（第139页）。

绞泥拉坯或绞胎拉坯陶瓷

将两个或多个不同颜色的黏土块切片后拼合起来并拉坯（要使拉坯的泥锥尽量小），可产生随机的大理石状花纹，经过修坯后，器物表面的花纹会变得更清晰。绞胎的缺点是黏土不能回收，除非通过色剂将其染成更深的颜色，就像织物染色。

该绞胎泥技术在日本被称为 "Neriage"。

纸黏土

瓷质纸黏土的开发是为了满足艺术家的需要，即在保持理想的白色胎体同时，制作出比常规尺寸更大的作品。

它们非常坚固且轻便，使操作和搬运雕塑更加容易。亚麻和纤维素纤维被切碎并用黏合剂添加到瓷泥中。这些黏土的不同寻常之处在于，即使是在干燥状态，它们也可以进行加工和粘接。

如果添加过多的纤维，则制品在生坯阶段更坚固，但在烧制后会变得更脆弱。用纸黏土拉坯是不切实际的，不过用它来延展拉坯的作品可能会很有趣。由于纤维会在一定程度上降解，回收的纸黏土在烧成后会失去强度并且变得相当脆弱，但可以用以填补裂缝。

右图：绞胎泥拉坯的准备工作
1. 用Potclays JB泥制作单色黏土块，每75 g素色黏土添加50 g着色氧化物
2. 把不同颜色的泥胎交错叠加成砖块状，用于拉坯
3. 经过1 250℃烧制后的器皿
照片：薇薇安·弗利（Vivienne Foley）

右图：努拉·奥多诺万（Nuala O'Donovan）
《放射虫，去除网格3》，2013年
瓷纸黏土，1 240℃，多次烧制，
宽42 cm×高28 cm
照片：珍妮丝·奥康奈尔（Janice O'Connell）

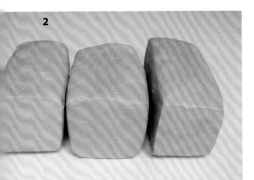

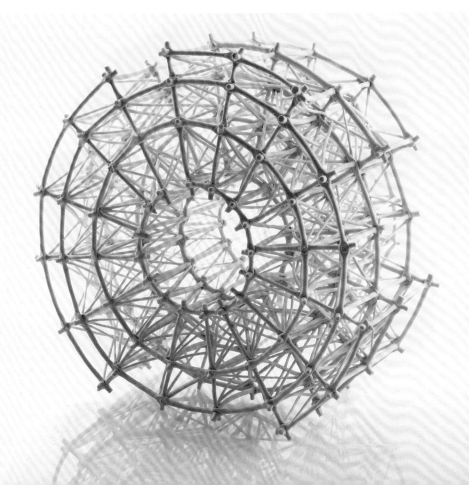

了解你的材料

准备自己的瓷泥是一项重大决定,并且最终必须有可实施性,这取决于空间和机器方面的投入。一个拥有共享设施的小型工作室可能适合投资练泥机等设备,但如果你是在狭小的空间内独自工作,那么这样做肯定不值得。一定量的黏土会残留在练泥机内,生产出的瓷泥可能很少,而过程却相当耗费时间。

处理黏土时需要空间来放置额外的桶和石膏板。工作室中的灰尘应保持在最低限度,工作区和设备应易于冲洗。将瓷泥碎屑放在砖上、素烧坯中或窑顶上干燥,久而久之会导致工作环境尘多,不利于健康。最好一起放在大的开口的桶中风干,然后在使用前一天加水并用石膏板晾至足够硬度。

但是,我确实建议所有陶瓷艺术家制作一些实验黏土,以了解材料。了解一种材料与另一种材料在可塑性、收缩性、透光性和白度、干燥强度和烧制强度等方面的关系,是获取经验并有望发展自己的设计语言的重要途径。

与成品相关的其他设计要素也需要被考虑在内,比如胎体和釉面的烧结温度范围将影响烧制器皿的表面质量,而抗热震性也是制作日用器皿时的一个重要因素。

一次生产几千克的黏土用来测试不同的釉料会比较容易。

在制作瓷泥之前,观察其熔化状态、收缩率(见下表)和不同材料的颜色是很有用的。瓷砖应浸入经120目筛过筛的每种原材料与水的混合物,并根据后续釉料所需的烧成温度范围来烧制。

瓷胎构成的原材料分别烧制到九号温锥后的形态			
瓷土	球土	长石	石英
白色/粉状	米白/熔结/干状	透明/熔化	白色/熔结/干状

简单的实验

在决定瓷泥是用来拉坯还是手工制作后，下一步应该是确定温度范围。

构成瓷泥的仅有几种材料，这使得配方理应简单。然而，即使是很小的调整也会产生显著的差异。

一个好的尝试的起点是25%的高岭土、25%的球土、25%的长石和25%的石英或燧石。使用这个配比很容易制作足够的黏土来拉制一个1 kg重的器皿。

此混合比例的黏土理想情况下在9号温锥和11号温锥之间烧制，烧成后进一步试验，对特定材料进行少量的增加或减少，可以根据黏土的最终用途实现或高或低的可塑性、白度或半透明度。确定材料重量后，一定要保持准确的记录。

陶瓷试片（见上表）能帮助我们清楚地了解各种材料的特性。

请记住，更多的球土会以牺牲白度为代价来获得更大的可塑性，可以尝试以下排列：

- 以球土为代价减少或添加长石——以确定烧结程度。
- 减少石英并用高岭土代替——调整胎釉结合状态。
- 减少球土并用高岭土代替——如果瓷泥变得太黏，以降低可塑性。
- 添加不超过3%的膨润土——以增加可塑性。

制作真正的瓷器所要求的材料限制大致是：

- 25%的长石是保证通透性的最低要求。
- 少于10%的石英或燧石会使胎釉结合困难。
- 高岭土和球土占比合计65%是保证可塑性的最大添加量。
- 绝对不要使用超过5%的膨润土，最好控制在2%以内。

如需降低烧制温度：

- 增加长石并将石英或燧石降低至30% ~ 40%。
- 如要进一步降低温度，则用霞石正长岩替代长石。

收缩率

瓷器的主要挑战之一是它的高收缩率，这是开裂和变形的主要原因，也是影响胎釉结合的关键因素。

通过在由可拉坯湿度的黏土滚压成型的瓷砖上准确标记10 cm的线，可以制作收缩率的图示。在半干、全干、素坯和成瓷阶段进行测量以确定各种收缩率，并在确

收缩测试（Potclays David Leach 瓷胎）	
泥胎状态	收缩程度
	10 cm
可塑（湿软）	10 cm
皮革硬度	9.8 cm
风干	9.5 cm
素烧至 1 060℃	9.4 cm
釉烧至 1 250℃	8.7 cm（收缩率约为15%）

定采用某种黏土用于生产之前多测试几种不同的黏土（见上表）。

大多数瓷泥从可拉坯的湿度状态到 1 260℃左右的烧制状态的线性收缩率大约为14%，这是处理材料时要注意的一个主要因素。如果要避免其开裂，则需要技巧。相比之下，炻器的线性收缩率平均为10%。

在设计黏土时，制作者可以通过选择材料——尤其是具有不同熔点的长石——来确定最终的烧制温度范围。

如何准备瓷泥

毋庸置疑，在所有陶瓷的实践中，对所有实验进行仔细且可检索的记录都是至关重要的。可以在工作时放一份配方列表在面前并给材料打勾，以免忘记添加了哪些粉料，毕竟很多材料看起来都一样。

在此须强调戴口罩的重要性，因为环境中不可避免地会有一些粉尘。

- 先将一个大桶装满水，称量好瓷土的重量，小心地将其倒入水中并盖上粉料盒。然后在清单上勾掉这个成分，并按照相同的程序处理后续的每个材料。
- 加入所有成分后，小心地搅拌混合物，它应该非常稀并含有大量的水；然后可以通过120目筛网将其筛入另一个桶中。我会使用坚硬的洗涤刷将残留物刷过网眼。如果混合物太稠而难以加工，可以用更多的水冲释。
- 静置过夜，然后倒掉一些水将其调整到可用的稠度，然后再通过120目筛网进行第二次过筛。
- 在一两天内不断倒水，直到可以将泥糊倒在石膏板上。随着水被吸收，定期翻动混合物，以免外部形成硬壳。一旦可以将黏土滚成团，就可以在塔状或环状状态下风干并放置几个小时。最后，在被归在一起并充分揉好后，可以将黏土用塑料袋包裹好或储存在密封箱里。

　　陈腐过程对大多数黏土有益。商业生产黏土时通常会花6周时间使其发酵、腐熟，以增加瓷泥的黏性，超过此时间其可塑性变化非常缓慢。陶器黏土公司发现，使用粉末混合而成的黏土，其陈腐效果最显著，而泥浆筛练出的瓷泥则变化很小。对于实验性的工作室操作而言，一旦黏土配制完成就可以直接使用了。

　　人们认为，将黏土储存数周、数月或数年，以使其具有可塑性，这即便不是一种规则，也是一种优势。事实上，这在工业规模生产上是普遍做法，当然也是中国的传统做法。

欧美瓷胎的一些合成配方						
地区	高岭土/瓷土	球土	长石	石英/燧石	白垩粉	膨润土
英国 哈里·弗雷泽配方（Harry Fraser）	普通瓷土 62		FFF长石 20	13	1.5	提白膨润土（Quest White） 4
英国	45	海莫德（Hymod） 17	25	13		
英国	25	25	25	25	—	—
英国	50	—	25	25	—	2
美国 11号测温锥	格鲁吉亚 10 佛罗里达 15	25	25	25	—	—
美国 11号测温锥	格鲁吉亚 10 佛罗里达 25	25	25	10	—	—
美国 11号测温锥	格鲁吉亚 25 佛罗里达 15	10	24	25	1	—
法国 11号测温锥	44		30	25	1	—
法国 11号测温锥	40	10	25	25	—	—

第 4 章

如何使用瓷泥

　　人类继承了庞大的瓷器艺术档案，为那些想要从世界收藏中发现各种迷人的陶瓷形式和美丽釉料的人提供了几乎无限的数据库和灵感。也有人想打破成规，推陈出新，让瓷器展现前所未有的一面。

　　在规模方面，弗丽斯蒂·阿里芙与景德镇技艺精湛的中国拉坯师傅合作，创作了巨大尺寸的当代作品。努拉·奥多诺万（Nuala O'Donovan）通过制作复杂而轻巧的结构展示了纸黏土的可能性。在各自的注浆和拉坯领域，莫妮卡·帕图申斯卡（Monika Patuszyńska）和詹姆斯·马金斯（James Makins）以非常规的方式创造着新的形式和鲜活的色彩。

　　通常，制作者所专注的特定领域是较早就决定的。但在此之前，重要的是要考虑设计的着重点在哪个方面，因为选择瓷泥、成型方法、釉料和烧制温度等因素都紧随其后，它还将决定工作室的规划方式。请记住，同时制作炻器和瓷的工作空间是很难合理化融合的，因为瓷泥很容易被污染，因此必须提供专用区域和设备，这既复杂又昂贵。

左图：龟井洋一郎（Yoichiro Kamei）
《格子容器04》，2004年
重复注浆倒模搭建，高35 cm×宽35 cm×深35 cm
照片：奥田元之（Motoyuki Okuda）

右图：詹姆斯·马金斯（James Makins）
《无题》，1993年
37 cm×51 cm×51 cm
照片：约书亚·施赖尔（Joshua Schreier）

　　刚开始时，陶瓷艺术家肯定会遇到客观条件上的限制。在艺术学院里，大型的窑、随时可用的精密仪器和昂贵的材料供应都被视作理所当然。相比之下，在资源相对有限的工作室中可能会感到畏惧。然而，在最初决定用瓷作为媒介时，手作人的选择是如此多种多样。因此，建议进一步缩小选择范围，并真正精通设计及制作方式中的某一方面。在更细的领域中进行实验可能会更自由。

　　要达到精通并成功制作瓷器的阶段，需要极大的耐心、毅力，以及对失败的承受能力。打开一个装满废坯的窑（它们可能是你花费数周或数月完成的工作）可能会摧毁你的意志。即使你会从失败中学习经验，遇到令人惊喜的意外却是较罕见的。

　　相较于其他黏土而言，在烧制瓷坯前要毫不留情地剔除有任何一点不合格的作品。若考虑质量和精度，瓷是最精细的黏土，因此生坯的完成度应一丝不苟。它也是一种非常无情的媒介，裂缝总是反复开裂，就算使用专用填料进行的修补也大多无济于事。幸运的是，生坯是可以回收的。有些瓷泥会较其他种类更容易回收，这也是在设计自己的黏土或购买商用黏土时需要考虑的重要因素。

一些基本的工作室需求

　　我坚信要让事情保持简单。在浏览琳琅满目的商品目录时，总是很难抵住想要订购许多闪亮东西的诱惑，但许多最基本的工具是可以自制的，或根据要求定制。

　　首先，用于制备黏土的石膏块是首先需要准备的，它可以在助手的帮助下完成。找一个合适尺寸的纸板箱，最好是51 cm×51 cm。铺上一层塑料膜，倒入制备好的25 kg的陶瓷用石膏——最好使用通用石膏，而不是非常坚硬的注浆石膏——至7.5 cm的深度（其制备比例约为2.8 kg石膏比1 L水）。

　　石膏板需要几周时间才能完全干透，但如果不小心被金属工具刮到，固化后划痕将永远存在。自1965年以来，我在我所有的工作室中都使用这种石膏板，至今仍然很结实。有把黏土放在石膏块上干燥会降低其可塑性的说法，但我从来没有遇到这种情况。石膏板表面的吸水性使我们能非常简单快速地制备湿度合适的黏土，这是成功制作拉坯器皿的关键。

瓷土的储存

　　瓷泥即使在它的双层包装袋中也会容易变干，我发现将黏土切片并用湿泡沫橡胶盖上，或简单地放在一个大的密闭储物箱中并喷上水会使其更好地保存。如果黏土太软（自制泥肯定会出现这种情况），可以先取足够用于第二天工作的黏土，并将其在工作台上像塔一样立起来放置过夜。次日早上，就可以轻松地在石膏板上将其揉至合适的干湿度。这比直接使用变得过硬的黏土要容易得多。

　　如果觉得黏土有点硬，补救方法可以是：用木勺的末端在泥块上戳洞并将里面填满水，静置片刻，用湿海绵将石膏板弄湿，然后再在上面揉泥。

　　但是，最好提前考虑所需黏土的干湿度并提前一天准备好足够的量。

用于拉坯和修坯的工具和配件

购买工具

1. 黄杨木塑形工具套装

2. 一把 30 cm 的黄杨木尺子

3. 三四个金属刮片

4. 几把修坯刀

5. 两对卡钳

6. 一些精细婴儿海绵

7. 一些 15 cm 宽的用来放置坯胎的瓷砖（瓷砖比长木板更容易移动）。

根据制作需求增添常用的工具储备。

制作工具

1. 一根末端绑一块海绵的筷子，拉坯时用来吸收器皿内底部的积水

2. 一根插在香槟酒塞中的长针，用来修坯

3. 由钢条制成的不同尺寸的条状工具

4. 将 1 m 衬布切成 15 cm 的正方形以盖在瓷砖上，将湿坯从拉坯机上取下时，能将坯底与瓷砖隔离。这些方布可以重复清洗和使用，但切勿使用报纸，报纸会分解并使修坯产生的碎屑无法回收

5. 将一段粗钓鱼线的两端固定在栓扣上，用于从拉坯机上切下坯体。

经典拉坯技巧

　　你需要花费数小时甚至数年的练习，才能成为一名熟练的拉坯者，并练就一种熟练的风格。但一旦这种风格建立起来，就会像笔迹一样具有独一无二的个人特色。

　　在拉坯时，绝对有必要花时间准备黏土，使其完全达到所需的干湿度。一般而言，早期的错误只会导致之后的制作过程变得更糟。在石膏板上揉泥时，重要的是要揉透并消除那些会在拉坯时导致坯胎变形的气泡。如果黏土太湿，它会自己塌折并聚集气泡，拉制的形也将很塌软，只能靠很厚的器壁和残留的形状支撑。反之如果太干，黏土会混合不均匀，难以揉匀及扶正，还会产生气泡。理想的情况是一块容易揉捏但有一定硬度的黏土。瓷泥比陶泥更容易变干，因此重要的是不要在拉坯前准备太多黏土团。我确实有一种迷信的感觉，即在新鲜揉好的黏土里有我的手的记忆，因此更具可塑性［有关揉泥的信息，请参阅理查德·费森（Richard Phethean）的书《拉坯》（*Throwing*）］。

　　瓷泥的拉坯、修坯技法与其他黏土相同。然而，一些种类的瓷泥比其他的更加敏感，在拉坯机上通常要谨慎地操作而不能盲目自信。在将黏土扶正并做第一次提拉后，黏土里如果有气泡会立即显现出来，在这种情况下，最好重新开始，因为即使这件作品幸存下来，它也会在修坯或釉烧时出现问题。

　　瓷胎干燥时在底部形成S形裂缝是很常见的。直径很宽的容器很难从转盘上取下来，还有破裂的风险。我发现在第一次提拉后，用黄杨木尺的末端从中心向器壁走一遍来压实底座，可以解决这个问题（黄杨木特别耐用）。让作品缓慢而均匀地干燥也会有所帮助。

丹尼尔·史密斯（Daniel Smith）
《蓝色平底盘》，2012年
直径33 cm×高6 cm
图片：丹尼尔·史密斯（Daniel Smith）

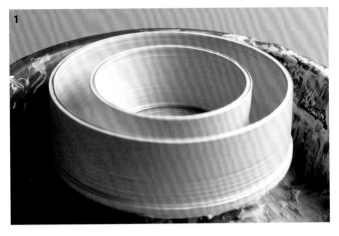

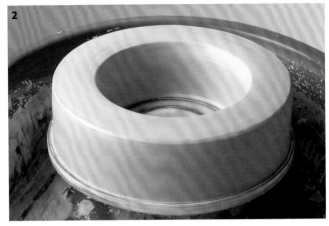

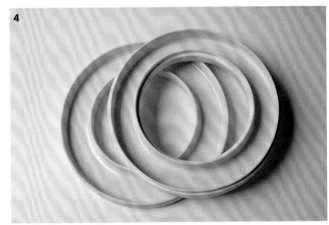

《如何制作一个环状盒子》

1. 拉一个成双层壁的，直径为30.5 cm的器形
2. 把两边壁连接在一起后压平
3. 等晾干到皮革硬度，切成上下两部分，通过修坯修出底部的凸起边缘和盖子的凹槽，使二者完美接合
4. 烧制好的盒子内部（上下两部分合起来烧至1 260℃）

照片：薇薇安·弗利（Vivienne Foley）

把坯从转盘上取下来前，应先湿润转盘，然后使用渔线割下并将其轻轻移到铺了衬布的瓷砖上。当它干燥到可以被安全拿起时，再将其倒置在工作台上。口沿会干得很快，可以用一圈薄塑料膜保护它们。能否成功制作瓷器很大程度上取决于控制干燥的过程。天气对此有显著影响——在干燥或雨天，冬季或夏季之间的工作节奏存在差异。要始终定期检查作品，如果需要减慢干燥过程，可以用海绵擦拭底座，或者用一块潮湿的方形织物盖住它，如果需要推迟下一阶段的操作，可以小心地用塑料膜将作品整个包裹住。

黏土是有"记忆"的。它在干燥和烧制过程中，会沿着拉坯的曲线往回收缩。因此，任何把手或出水口都会使坯体偏离中心，除非在粘接时就故意略微偏移。

许多拉坯者选择使用拉坯板，以便一次性拉制多种形状，或者制作难度较大的宽底器形，又或者像比尔·博伊德（Bill Boyd）这种情况，他一次性使用一大块（7 kg）黏土，先将其扶正，然后要使其变硬一点才能开始拉坯。我发现移动一个复杂且薄的坯胎风险太大了：哪怕轻微的移动都会使其变歪，并且在之后无法进行精准地修坯。最好耐心等待几个小时，直到胎体变硬到保险的时机再从转盘上切下来。

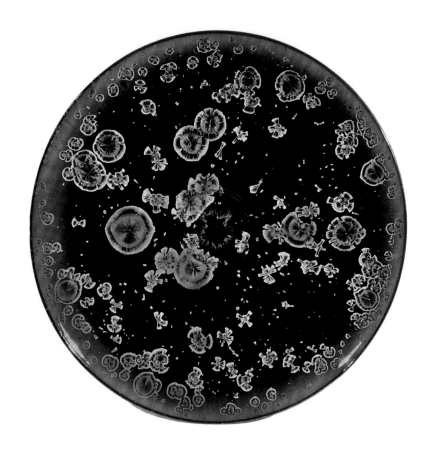

比尔·博伊德（Bill Boyd）
使用拉坯板，结晶釉，还原烧制，
2013年
"暗星"釉加上24 克拉金饰，直径
51 cm
照片：比尔·博伊德（Bill Boyd）

器形

我理想中的器形，器壁要合理地从底部延伸出来并具有精心考量过的线条。如果罐子底部看起来敦实而厚重，会抵消掉其形态向上的流动感。它应该有流畅的线条和一个明确的形状，而不是一个未经制作者考量过的，偶然形成的状态；而且，器皿边沿应该收得干净利落。如果器形不好看，那么再厉害的釉也挽救不了。

批量拉坯

像丹尼尔·史密斯（Daniel Smith）这样重复地练习拉坯，对于如制造餐具这样的批量生产来说是必要的。丹尼尔一次购买1 t黏土，每天拉坯40 ～ 80件，并将每个黏土球过秤以确保尺寸准确。

大多数批量拉坯者都说他们会进入某种拉坯的节奏。不过补充一点，我发现用量尺和卡尺在转盘上检查这些器皿以确保其大小统一是非常有必要的。

丹尼尔·史密斯（Daniel Smith）
《五碗一巢》，2012年
直径 26 cm × 高 8 cm
照片：丹尼尔·史密斯（Daniel
Smith）

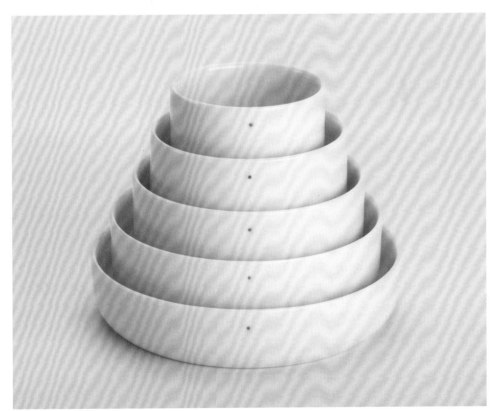

金德浩（Kim Duck Ho）
《红点系列》，2012年
镶嵌填泥，还原烧制 1 280℃
直径 16 cm × 高 11.5 cm
照片：首尔 LVS 画廊

高桥堂八（Takahashi Dohachi）
《清酒瓶》
使用驼峰取件法（一种用一整块
黏土依次拉成小件器皿的方法）
西蒙·皮林（Simon Pilling）东
亚艺术与室内装饰收藏
照片：薇薇安·弗利（Vivienne
Foley）

驼峰取件法

在中国，驼峰取件法上千年来一直被广泛使用，这个方法能节省时间，因为不用将泥团逐一扶正。首先，需要在转盘上用大量的黏土扶正成泥柱，然后每做一个新的坯件时就在顶部的一段泥柱上开口。如此，一件件相同尺寸的器形就在不断的重复中自然而然地产生了。

埃德蒙·德·瓦尔（Edmund de Waal）在他里程碑式的作品《一千小时》中使用了这种技术，制作了1 000件小器物，以表达了类似冥想般的平静感和时间的流逝。

修坯

与其他黏土相比，瓷泥比较缺乏可塑性和强度，因此要求拉坯时器壁稍厚。半干状态时，靠修坯最终修薄，这个过程通常会修掉其三分之二的重量，如果追求完全通透的效果，则还会修掉更多。

传统的修坯方式是将拉坯器皿倒置在修坯底座上，它是一个厚厚的黏土圆塔状，制成不同的宽度和高度，以适应所制作的器形大小。为此，最好使用可塑性强的黏土拉坯，例如Potclays JB牌子的黏土，然后非常精确地拉制所需尺寸并放置过夜使其形状固定，再以常规的方式将其从转盘上切下来。这种方式可以使胎体不变形，且仅需修一点点顶部和底部，就可以通过精准地切割凹槽以帮助重新居中扶正进行修坯。

埃德蒙·德·瓦尔（Edmund de Waal）
《一千小时》，装置，2012年
由1000个用驼峰取件法成型的器具组成
图片：迈克尔·哈维（Michael Harvey）

右：先制作带凹槽的底座以帮助倒置修坯时找到中心点，底座应保持皮革硬度的干湿程度
照片：薇薇安·弗利（Vivienne Foley）

最右：只有当底座和器皿是稳固贴合并居中时才能精准地完成修坯
照片：薇薇安·弗利（Vivienne Foley）

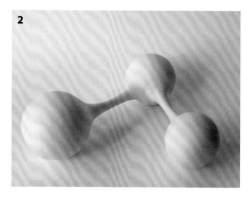

《许愿骨》
1. 先在拉坯机上制作5个部件并修坯，把它们依次连接起来
2. 将最终完成的组合烧制至1 200℃，表面抛光，无釉，最长边45.7 cm
照片：薇薇安·弗利（Vivienne Foley）

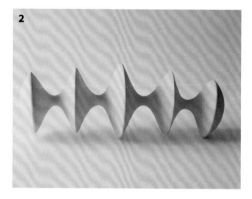

《开酒器》
1. 先在拉坯机上制作6个部件并用凹槽底座修坯
2. 把部件依次连接起来并烧制至1 200℃，表面抛光，无釉，长度45.7 cm
私人收藏于莫斯科
照片：薇薇安·弗利（Vivienne Foley）

在使用凹槽底座修坯时，先将底座重新居中，并用一圈不粘手的黏土固定在略湿的转盘上。当修坯结束时，将底座快速用水冲一下，在内部填充塑料膜，然后再次包裹两层塑料膜，放在阴凉的地方。以这种方式保存，修坯底座可以持续使用多年。

如果追求完全光滑的表面，使用修坯底座是一种安全的修整碗内侧的方法。由修坯底座组成的塔可以被快速组装以修整较高或非常规的坯件。大多数器形，甚至一些复杂的形式，都可以用修坯底座居中并锚定，首先倒置修圈足，然后翻转器皿

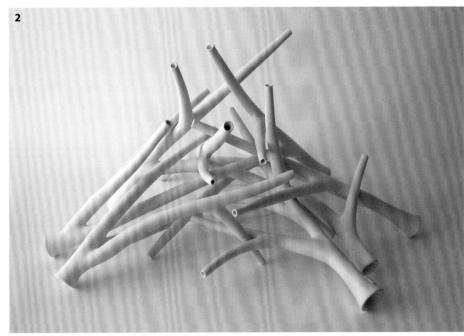

《寒鸦枝》，陶瓷装置，2009年
1. 在转盘上拉出一个40.5 cm的细长高管，之后原地修坯
2. 连接8个组成部分并烧制至1 200℃。抛光瓷器，最长边43 cm
照片：薇薇安·弗利（Vivienne Foley）

从顶部边缘向下修完剩余部分。当修小口器形的圈足时，有时难以判断底座的厚度，并且很容易穿底。这时可以从修坯底座上取下这件作品并将其放在耳畔，轻轻敲击底座，可以听出来大致的厚度以判断还能修减多少。

粘接复合器形

如果在每个阶段都做了准确的测量，就可以在修坯底座上进行包含多个部件的拉坯器形的粘接。

拉坯
1. 拉制完成第一个部分时，将边沿压平整。使用两对卡钳来测量边沿的内外直径，并保存测量数据。
2. 下一个部分拉制成敞开式的底部，且宽度与上一件相等。

修坯
1. 修理第一部分时，首先完成圈足，不去触碰边沿。
2. 修理第二部分底部的开口内侧并检查内径。器壁的厚度应与第一部分的边缘厚度完全匹配。
3. 将第一部分固定在修坯底座上后，用金属针刷或锯齿状金属刮片在边沿均匀地划出毛边。第二部分完成修坯后以同样的方式划出底部毛边。

左上方：《黑色高长的花》，2006年
黑色泥釉面，最高处53 cm
照片：薇薇安·弗利（Vivienne Foley）

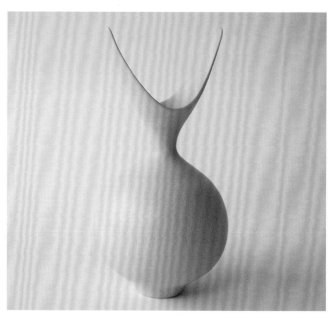

右上：《分叉花瓶》，2009年
象牙裂纹釉面，高27 cm
照片：薇薇安·弗利（Vivienne Foley）

下图：《两个花瓶》，2012年
黑色氧化镁釉和象牙裂纹釉处最高度30 cm
照片：薇薇安·弗利（Vivienne Foley）

4. 用水将两部分的毛边浸湿（不要涂泥浆，会导致开裂）并小心地连接边沿，一开始要轻轻地，以防需要任何微小的调整。检查是否对齐中心，然后牢牢压住。顶部和底部应该完美匹配。可以在外部连接处切出一个凹槽，然后在四周压一圈薄薄的黏土，但这并不总是必要的。

5. 当其足够坚固时，再对胎体整体进行修坯来使连接处平滑。切忌急躁，因为如果黏土太软，胎体很容易再次移动。

粘接不对称的器形

分开拉坯和修坯制成的器形可以在半干阶段以不对称的形式粘接（要考虑整体平衡和重量），如此便可以将传统器形转变为更具雕塑性的形状。

旋坯成型又称滚压成型［分为仰旋压（jollying）和俯旋压（jiggering）］

具有高效率的工业化陶瓷生产可以采用同一个模子的压刀和陶瓷滚压成型机来量产一模一样的器形。

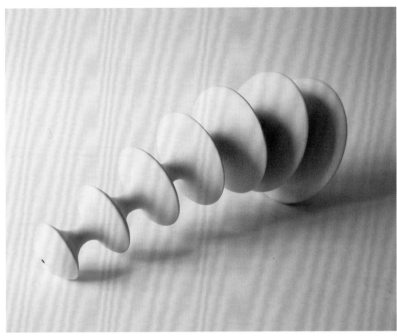

左上：《双平衡，单平衡》，2000年
黑色玄武岩瓷器，最高处51 cm
照片：薇薇安·弗利（Vivienne Foley）

右：《脊柱》，2009年
拉坯并组合成型，抛光瓷器，长43 cm
照片：薇薇安·弗利（Vivienne Foley）

机械修坯辅助工具

现在有一种机械装置，可以固定在转盘上以帮助修坯，这对于简单的器形或量产工作有用。

非常规的拉坯形态

不寻常的雕塑或器皿形态也可以分几个阶段进行拉制，并且不一定需要空心、修坯或拉制，可以在不同干燥阶段进行改造修形（另见第5章，第95页）。

精加工

作品在潮湿或半干的阶段下完成的部分越多，后期的工作量就越少，因此要检查生坯作品以去除修坯时留下的任何碎屑。可以用海绵轻轻地快速擦拭边沿，记住釉料是无法附着在锋利的边缘上的。

注浆成型

注浆通常与制作日用瓷的工业或商业工作室有关，但瓷器艺术家也很有可能以创造性的方式小规模地使用该技术，或者在需要为具象的作品或雕塑制作多个组件时使用。

注浆可用于制作难以拉坯成型的造型、生产薄如纸的半透明器皿，以及可被镂空或雕刻的部分。在这方面，科杜拉·卡夫卡（Cordula Kafka）和杰里米·科尔（Jeremy Cole）生产的现代照明设计将瓷器的基本品质——通透性，发挥到了极致。

彼得·比杜尔夫（Peter Biddulph）通过在Linux平台上使用开源软件创建了3D数字造型，将模具制造带入了21世纪。他随后使用快速建模技术制造实物模型，用这些生成的造型翻制成石膏模具，并使用LB南冰瓷泥泥浆，以注浆成型的方式制作雕塑。

莫妮卡·帕图申斯卡通过打破并重新组装石膏模具，用注浆成型的方法创造了一个"内外颠倒"的结构，既富动感又犀利（另见第3章，第40页）。

左：詹姆斯·马金斯（James Makins）
《隐居醒酒器套装》，约1998年
35.5 cm×51 cm×51 cm
照片：肯·亚诺维亚克（Ken Yanoviak）

右：樱井靖子（Yasuko Sakurai）
《垂直花》，2013年
注浆瓷，高53.2 cm×宽33 cm×深35.5 cm
照片：东京西福画廊

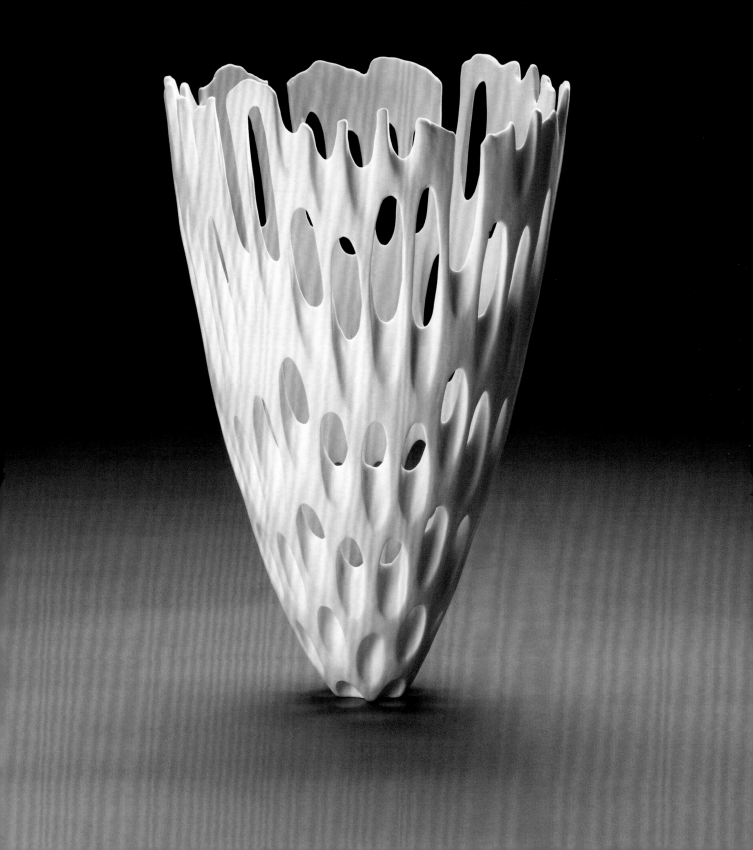

莫妮卡·帕图申斯卡（Monika Patuszyńska）
《比邻形式》，2010年
空心，用打碎并重新组装的石膏块注浆倒模成型，气窑烧至 1 260℃，高 27 cm
照片：莫妮卡·帕图申斯卡（Monika Patuszyńska）

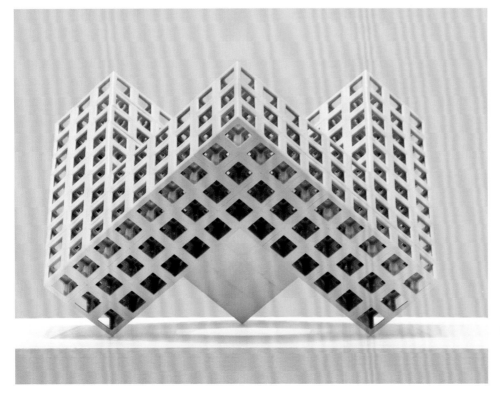

龟井洋一郎（Yoichiro Kamei）
《格子容器 06》，2006年
由重复注浆倒模的单元组成，高 35 cm×宽 35 cm×深 35 cm
照片：丰永诚司（Seiji Toyonaga）

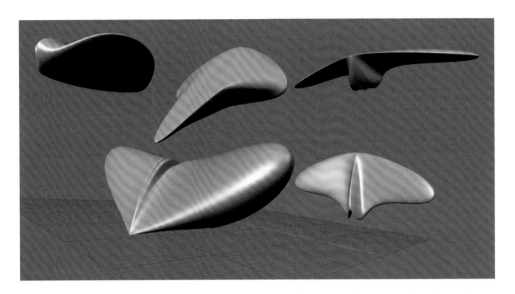

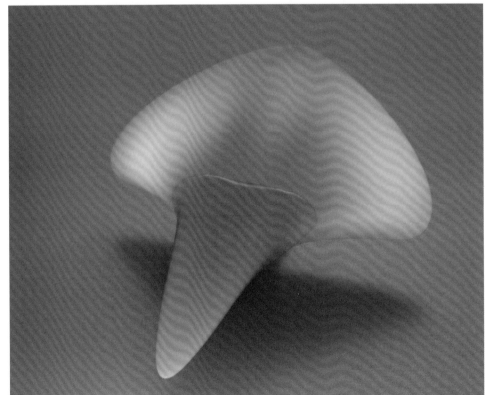

上图：彼得·比杜尔夫（Peter Biddulph）
《仿生》，2008 年
3D 电脑绘图

右：彼得·比杜尔夫（Peter Biddulph）
《生成的瓷器 1：仿生》，2008 年
高 20 cm× 宽 17 cm× 深 5 cm
照片：彼得·比杜尔夫（Peter Biddulph）

第 5 章

成型与精加工手法

　　瓷器最令人称赞之处也许是其材质为成型和精加工提供的选择范围。因为陶艺家的创作是从纯白材料开始，这以某种方式解放了创造性表达的思维，就像一张空白的画布或一张白纸对于画家一样。

　　现代艺术的伟大主题一如既往地围绕着爱与战争、自然、死亡、政治和宗教，而今天的陶瓷艺术家并不比使用其他媒介的艺术家更能免疫于这些趋势。澳大利亚华裔艺术家阿贤（An Xian）的创作范围超越了陶瓷，他发现瓷器是一种本身具有文化和情感共鸣的材料。其兼容脆弱性和耐用性的矛盾特质，以及他在日益复杂的国际世界中对连续性和个人身份的求索，都可以在雕塑形式中找到表达，并为其增添层次感。

　　陶瓷雕塑在造型、表面处理或传达的信息方面，也可以令人不安或具有挑衅性，对某些艺术家的而言，作品是由强烈的个人问题驱动的。然而，从历史上看，盘子或器皿的白色表面是发表声明的理想场所，其耐用性比海报或报纸更持久。从前苏联到纳粹德国，再到毛主席时代的中国，都可以找到这样的例子。事实上，在西方，长此以往也平和地保存着纪念品瓷器的传统。

左：薇薇安·弗利（Vivienne Foley）
《白色平衡组合》
拉坯，修坯，并将其14个部分组合，抛光瓷器，最大尺寸：
61 cm × 61 cm
照片：薇薇安·弗利（Vivienne Foley）

右：阿贤（An Xian）
《中国瓷器-半身像34号》，景德镇制造，1999年
釉上铁红图绘各类古器物，高39 cm × 宽40 cm × 深21 cm
照片及收藏：阿贤（An Xian）

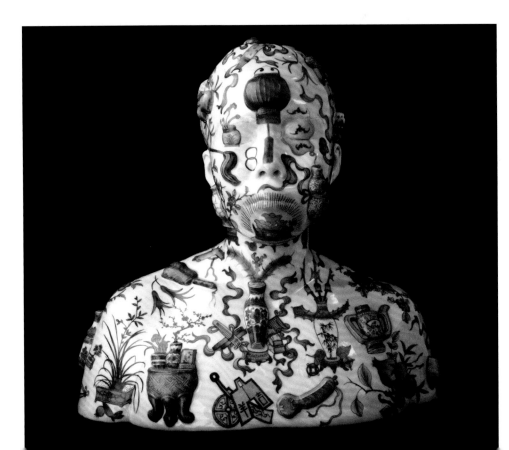

拉坯成型的器皿尤其可以让人安静地沉思许久,其朴素的形式以某种方式唤起人们精神上的共鸣,与人性有所连接,或者只是单纯地展现优雅。当今瓷器艺术家可使用的成型和精加工方法很多,让我们略窥一二。

手工成型方法

传统上而言,瓷泥并不是一种适合手工制作的材料。其他黏土的标准使用方法运用在瓷土上会非常有挑战性。鉴于其性质,这项工作将是繁重的,需要大量精炼的技术手法才能制作出接近理想的瓷器。然而,也有许多当代的例外——多萝西·费伯曼和保拉·巴斯蒂安森(Paula Bastiaansen)等艺术家——他们以出色的艺术性完善了自己的作品。但需要注意的是手工捏制泥板或泥条盘筑的形式很可能会出现收缩不均匀,接缝容易裂开的问题。

另一方面,那些创作中不使用拉坯技巧的人总是会被这种材料的纯度所吸引,并希望制作带有细槽或半透明边缘的手捏器皿。桑德拉·拜尔斯(Sandra Byers)选择制作小尺寸的作品。她的雕塑经过仔细考虑并精美地实现,可被轻松放大而不会失去其完整性。于是这些雕塑变成为亲密而珍贵的物品。

下图:桑德拉·拜尔斯(Sandra Byers)
左上:《弯曲》,2009年
5 cm×8.25 cm×3.2 cm
右上:《八》,2011年
5 cm×7.3 cm×5 cm
左下:《敞开》,2011年
5.4 cm×10.8 cm×4.8 cm
右下:《茧》,2010年
8.25 cm×10.8 cm×4.4 cm
手工制作和雕刻成型
照片:桑德拉·拜尔斯(Sandra Byers)

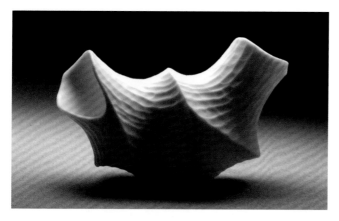

凯瑟琳·韦斯特（Katharine West）
《轻盈的东西》
由玻璃和钢盒子装载的瓷部件
30 cm × 30 cm × 20 cm
照片：凯瑟琳·韦斯特（Katharine
West）

雕塑和具象作品

　　雕塑和具象作品的制作通常结合了几种不同的成型方法，例如拉坯、盘筑和泥板成型、使用小块黏土堆叠造型，或者将石膏模具的使用与额外的手工造型相结合。阿贤的瓷器半身像最初是根据给他的家人和朋友实体翻模而制作的。

苏菲·伍德罗（Sophie Woodrow）
《人群》，2011年
瓷土与透明釉，高 15 ～ 35 cm
通过手捏、盘泥条和印刻塑型

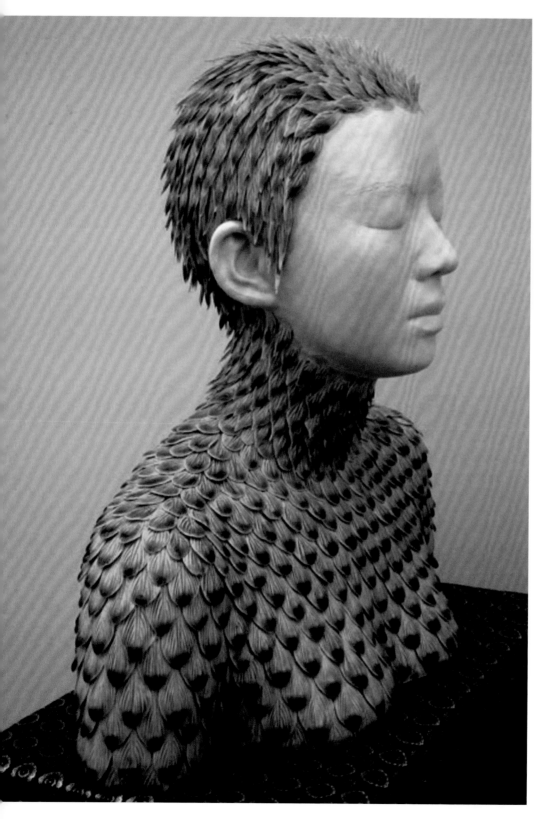

左：阿贤（An Xian）
《中国瓷器-半身像67号》，景德镇制造，2002年
身体由注浆倒模成型，并逐个贴上瓷"翠鸟"羽毛。高41 cm × 宽40 cm × 深22.5 cm
照片及收藏：阿贤（An Xian）

右图：米歇尔·埃里克森（Michelle Erickson）
《J'aime Et J'espère-我爱，我希望》，2003年
瓷泥与黑陶，拉坯制作主体，手工制作部件，表面肌理用泥浆画出花纹装饰，再以珐琅彩和金水点缀，高35.5 cm
收藏于加州长滩艺术博物馆
照片：加文·阿什沃思（Gavin Ashworth）

对页：
左上角：米歇尔·埃里克森
（Michelle Erickson）
《中国制造》，2008年
拉坯和手工成型，高38 cm
收藏于宾夕法尼亚州卡内基艺术
博物馆
照片：加文·阿什沃思（Gavin
Ashworth）

右上角：迈克尔·弗林（Michael
Flynn）
《鱼》，2010年
手工制作，色料和透明釉，烧至
1 280℃，高45 cm
图片：迈克尔·弗林（Michael
Flynn）

左下角：《一对狗与小狗崽们》
与奥古斯都开始于1721年的德
累斯顿收藏清单中一致。制作
于中国，德化窑，晚康熙年间
（1662—1722年）。高16 cm×
长10.7 cm×宽5 cm
私人收藏
照片：薇薇安·弗利（Vivienne
Foley）

右下角：弗朗西丝·兰贝（Frances
Lambe）
《吸气，呼气》，2008年
冰川瓷配石灰石底座，每个
18 cm×18 cm
照片：格里·摩根（Gerry Morgan）

右图：努拉·奥多诺万（Nuala
O'Donovan）
《起毛草灰断层线》，2012年
高28 cm×长58 cm×宽34 cm
瓷纸黏土，多次烧制至1 260℃
照片：西尔万·德勒（Sylvain
Deleu）

纸黏土

　　在构建复杂的造型时，纸黏土为雕塑家提供了更大的自由。例如，与普通瓷泥相比，它更容易被粘接，并且在烧制前可以不必移除支撑架。纸黏土在薄的地方仍然可以呈现出通透性，因此保留了我们所期望的一些瓷器的质感（参见第3章）。

　　在纸黏土还没有面世之前，我曾有一次将电绝缘瓷土与T材料（一种含熟料的黏土）50：50地混合，以在大型拉坯器皿上做延展部分。

贴塑、印坯、挤泥

　　陶瓷贴塑在中国和日本有着悠久的历史，并在18世纪开始流行，当时许多英国和欧洲的工厂都生产这些制品。

　　人们把分别制作好的黏土片点缀在皮革硬度的器形上。先用石膏或素坯模具压制出叶子、花瓣或古典图案等装饰，再修整并用泥浆粘接到胎体上。这些商品往往很重。

　　挤泥条可以使用机械操作，也可以简单地将黏土压过筛网。

上图：中村真纪子（Makiko Nakamura）
《茶壶》，2011年
注浆倒模，印坯，压模成型等手工制作方式
高19.5 cm × 宽29 cm × 深16 cm
照片：川口浩（Ko Kawaguchi）

左图：博特格（Böttger）茶壶，梅森，约1715—1720年
玫瑰和树叶贴花装饰，首批欧洲硬质瓷的典范，高11.8 cm
照片：伦敦维多利亚和阿尔伯特博物馆

使用这些方法对当代手作人来说仍然是一种有吸引力的策略。中村真纪子（Makiko Nakamura）是一位以略微颠覆性的方式借鉴传统的新生代陶艺家。

重塑拉坯器形

可以通过改动、破形及强调拉坯的手痕，来凸显黏土的柔软和可塑性。

湿的或略湿的器形在从拉坯机台取下来以前或之后，可以被拉伸、切削或挤压。由于这些器形改动后会不便于修坯，它们的重量将是一个需要考虑的因素。

修坯后，带或不带圈足（如果胎体经历过扭曲变形，则过于细薄的圈足会在烧制过程中翘曲），在皮革硬度的阶段，圆柱体的器形可以通过用湿丝绸包裹几分钟来使其稍微软化，然后压扁或压方；碗等开放式造型可以被轻轻挤压成椭圆形，为边缘带来流动感的轮廓，这是露西・里（Lucie Rie）所钟爱的技法。

正如帕姆・多兹（Pam Dodds）、前田昭博（Akihiro Maeta）、詹妮弗・麦柯迪（Jennifer McCurdy）和我自己所展示的那样，皮革硬度下的拉坯器形也可以被切、削、雕刻或修饰。

右图：帕姆・多兹（Pam Dodds）
左侧：《当钟声响起时》（摘自马尔文・皮克的一首诗歌），2008 年
瓷泥与黑色泥浆，1 260℃，高 16 cm
右侧：《在一天结束时》（摘自枢机主教纽曼的诗）
高 17 cm
照片：帕姆・多兹（Pam Dodds）

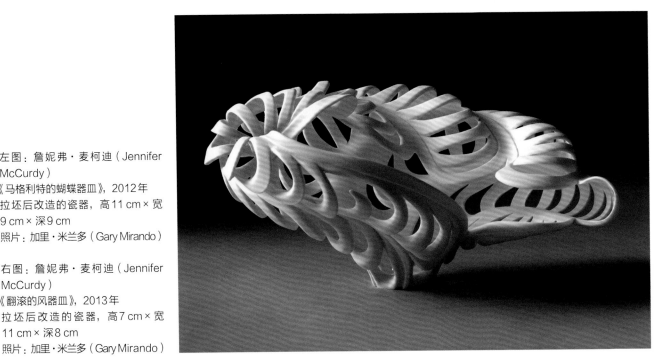

左图：詹妮弗·麦柯迪（Jennifer McCurdy）
《马格利特的蝴蝶器皿》，2012年
拉坯后改造的瓷器，高11 cm×宽9 cm×深9 cm
照片：加里·米兰多（Gary Mirando）

右图：詹妮弗·麦柯迪（Jennifer McCurdy）
《翻滚的风器皿》，2013年
拉坯后改造的瓷器，高7 cm×宽11 cm×深8 cm
照片：加里·米兰多（Gary Mirando）

刻划、镶嵌和剔花

可以在皮革硬度的坯体表面刻出划痕，它们不必很深，就能透过薄薄的透明釉凸显出来，或者有些彩色的釉料会汇集在凹处形成美丽的效果。

用彩色泥浆镶嵌装饰生坯的韩国传统陶瓷被称为粉青砂器。完成装饰部分后必须去除表面溢出的颜色，但钴等强染色剂会污染胎体材料，因此极其细致的精加工必不可少。

将修坯底座固定在转盘上，借助它可以很容易地在皮革硬度的器皿上切割出同心圆环。然后立即用彩色泥浆填充并修坯，或在干燥时加以打磨，在素坯上上釉烧制后便会凸显这些细纹。

简单的或者非常复杂的设计都可以靠徒手剔花的技法实现。图案可以通过在皮革硬度阶段对器皿表面的泥浆进行刻划或刮擦来制作，或者在素烧后，对表面的釉层进行同样的操作。

露西·里在她标志性的器皿上采用了镶嵌和剔花技术，无论是在生坯还是生釉阶段。她用针在半干的拉坯器上划出细小的水平或垂直线条，并嵌入彩色泥浆。或者如上所述，在居中放置于转盘的器皿上，制作非常精确的刻划和镶嵌线条。

用于镶嵌技术的瓷泥可以取与胎体一样的瓷泥，并加入基础氧化物，或最多10%的商业色粉着色。添加5%的白垩粉可以减少收缩并帮助镶嵌的泥浆附着于凹槽上。如果烧制后表面凸出来，可以用金刚石砂纸抛光。

朴正弘（Park Jung Hong）
《蓝碗》，2013年
抛光，蓝色镶嵌瓷器，深31 cm×
高26 cm
照片：首尔LVS画廊

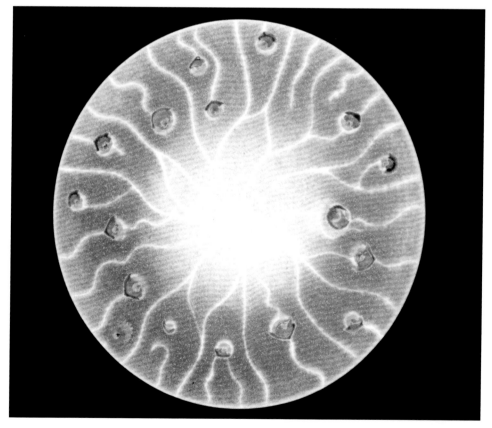

薇薇安·弗利（Vivienne Foley）
《碗》
剔花和彩色镶嵌，直径25.5 cm
私人收藏
照片：薇薇安·弗利（Vivienne
Foley）

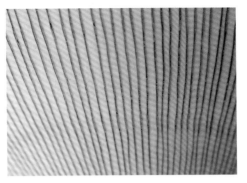

右图：露西·里（Lucie Rie）
《碗，c》，1975年
左图：外壁使用线条镶嵌装饰，内
壁在涂上铜色泥浆后使用剔花装饰
技法
私人收藏
照片：露西·里（Lucie Rie）

拼接镶嵌绞胎

夹有颜色的玻璃珠出现在罗马时代，但该技术后来被威尼斯人改进，它被称为千朵花（Millefiori）。

数百年来，日本在陶瓷上运用了同样的技术，在那里它被称为"Nerikomi"。

"Nerikomi"是一种手工制作技术，使用彩色陶土的堆叠创造出特别的图案。

多萝西·费伯曼在其瓷器作品中完美地展现了复杂而美丽的拼接镶嵌纹胎图案。她将不同颜色的瓷泥片叠成棒状，横切片后，显露出内部平面的图案。然后运用其极度敏锐的设计感和技术，将薄片在模具中拼接完成。此类绞胎作品通常不上釉，以最纯粹的方式展现其色彩。

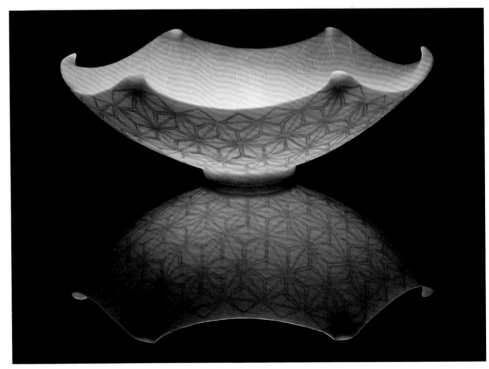

多萝西·费伯曼（Dorothy Feibleman）
《几何星形》（波浪边系列，2005—2010系列）
纹胎，直径16 cm×高7.5 cm
照片：亚伯·拉卡托斯（Abel Lakatos）和多萝西·费伯曼（Dorothy Feibleman）

左上：多萝西·费伯曼（Dorothy Feibleman）
《三叶草茶碗》（2005—2006系列）
纹胎，直径15 cm×高7.5 cm
照片：山崎（Yamasaki）和多萝西·费伯曼（Dorothy Feibleman）

左下：托马斯·霍德利（Thomas Hoadley）
《无题》，2010年
纹胎，彩色瓷泥，手工制作，无釉
高21.5 cm × 长35.5 cm × 宽20.5 cm
照片：托马斯·霍德利（Thomas Hoadley）

绞胎拉坯（玛瑙纹或大理石纹）

绞胎拉坯技术可以在拉坯机上实现，我在第3章中进行了描述。

镂雕

镂雕必然需要非常薄的壁。可以在超薄的注浆器皿上镂雕图案，或者像詹妮弗·麦柯迪（Jennifer McCurdy）这样，在皮革硬度的已完成拉坯和修坯的制品上镂雕，又或者在素坯阶段，用电钻简单地进行钻孔。

右图：艾琳·希姆斯（Irene Simms）
《无题》，约1978年
注浆倒模后镂雕，高10 cm
私人收藏
照片：艾琳·希姆斯（Irene Simms）

左图：薇薇安·弗利（Vivienne Foley）
《漏斗颈组合》，1996年
抛光瓷器，最高42 cm
照片：薇薇安·弗利（Vivienne Foley）

右图：薇薇安·弗利（Vivienne Foley）
《修长的白色花群》，2012年
无釉，抛光瓷器，最高57 cm
照片：薇薇安·弗利（Vivienne Foley）

无釉饰面

瓷器非常适合不作釉饰。细腻的纯白色瓷胎可以用各种等级的金刚石磨料抛光，形成丝般光滑和有触感的表面。素烧坯应局部润湿并用湿金刚石磨料抛光，在釉烧后再重复湿抛光。在使用彩色瓷泥时，效果尤其突出。

墙饰和装置

在家居或建筑环境中使用的墙饰在尺寸上可以有天壤之别，从一张图片大小到庞然大物。传统上，瓷砖被用于建筑中的墙壁或地板上，一般采用手绘或丝网印刷技术，饰以重复的设计或以壁画覆盖墙面。

墙饰可以通过重复单个组件来创建大规模作品。珍妮·奥根哈芬（Jeanne Opgenhaffen）通过将数百个独立滚压制成的黏土部件逐一安装在有机玻璃背板上，组合出有节奏的艺术作品。

　　墙上的作品容易令人静静地欣赏与陷入沉思。我发明了一种用电动打字机将诗歌直接打印到黏土片上的方法。然后不施釉，将它们直接组装成墙饰，这些文字就像被遗忘的手稿的碎片，只有近距离观赏才清晰可辨。我还把这些用锰提亮的诗页放在浅碗里，让它们坍塌并融合到釉中，这种技术也可以用于墙砖的制作。

　　有一些墙饰作品和装置属于艺术作品，它们超越了手工艺范畴，进入了一个能在精神层面上吸引观众的领域。如埃德蒙·德·瓦尔展出过的由1 000多个单独拉制的小组件组成的大型画廊作品。

　　反之，弗丽斯蒂·阿里芙的巨大型器皿被放在大型公共场所观赏，是对拉坯艺术无与伦比的颂扬。

下图：詹妮弗·麦柯迪（Jennifer McCurdy）
《海景》
照片：凯西·麦柯迪（Casey McCurdy）

右图：薇薇安·弗利（Vivienne Foley）
《看不见的羽翼》（墙面装饰），2005年
直接印刻在瓷泥碎片上，无釉
高79 cm×宽62 cm
照片：薇薇安·弗利（Vivienne Foley）

最右边：珍妮·奥根哈芬（Jeanne Opgenhaffen）
《简单来说》（细节图），2008年
瓷上印花贴字
照片：珍妮·奥根哈芬（Jeanne Opgenhaffen）

右下图：珍妮·奥根哈芬（Jeanne Opgenhaffen）
《舞影》（墙面装饰），2010年
由卷制和手工压制的配件组成
高2.4 m×宽1.53 m
照片：珍妮·奥根哈芬（Jeanne Opgenhaffen）

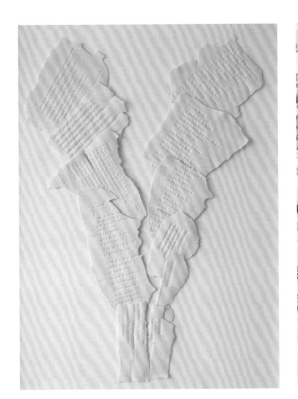

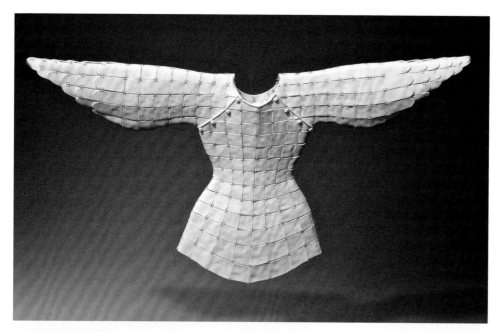

左：黄丽贞（Fiona Wong）
《白色维纳斯》，2012年
装置：由瓷片组成的雕塑
高54 cm×宽110 cm×厚5 cm
照片：伦敦 Themes & Variations
画廊

下图：瓦莱丽亚·纳西门托（Valéria
Nascimento）
含3 500件零件的悬挂装置，宝齐
莱，慕尼黑，2013年
照片：瓦莱丽亚·纳西门托
（Valéria Nascimento）

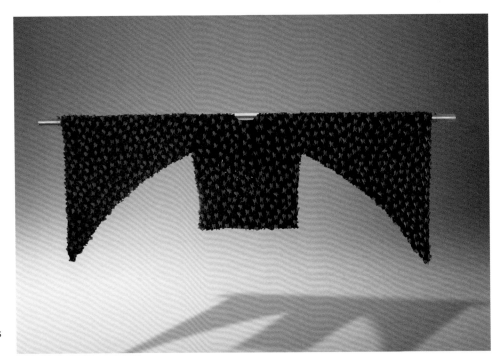

右图：郑祎（Caroline Cheng）
《繁荣 2012》，2012 年

下图：《繁荣 2012》（细节图）
瓷蝴蝶缝制在粗麻布上，装置
宽 190 cm × 长 190 cm
照片：伦敦 Themes & Variations
画廊

上图：瓦莱丽亚·纳西门托
（ Valéria Nascimento ）
《芙蓉》（墙面装置），2011年
高 120 cm × 长 500 cm
照片：克里斯托弗·皮利茨
（ Christopher Pillitz ）

右图：弗丽斯蒂·阿里芙
（ Felicity Aylieff ）
陶瓷装置，位于中国鄱阳湖，
2006年
拉坯成型并组装，高 224 cm ×
直径 57 cm
照片：弗丽斯蒂·阿里芙
（ Felicity Aylieff ）

阻隔胶表面装饰技术

　　复杂的图案可以通过涂上一层虫胶和海绵擦拭来实现，从而赋予厚度和半透明度的渐变。蜡防或乳胶抗蚀剂可以与印刷技术相结合，它们可用于生坯或素坯阶段，用于颜色分层或规划进一步装饰的区域（参见第6章）。

泥浆或化妆土

　　可以通过操作黏土，釉料与泥浆涂绘技法相结合来实现图像效果（参阅第39页的泥浆和釉料信息）。韩国艺术家允珠哲（Yun Ju Cheol）和挪威艺术家西塞尔·哈努姆（Sidsel Hanum）富有想象力的技法向我们呈现了这种工艺的可能性。

注浆器皿

　　使用石膏模具注浆成型是一种工业生产技术，也可以在工作室中用于制作小批量家用器皿或雕塑（另见第3章）。

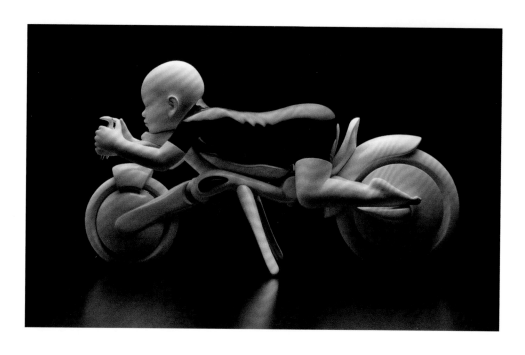

左图：林·茂树（Shigeki Hayashi）
《00-1》，2013年
由注浆倒模的不同组件构成，上釉并烧制至1 230℃
高42 cm×宽80 cm×深40 cm
照片：东京Yufuku画廊

右图：科杜拉·卡夫卡（Cordula Kafka）
《薄切片》，2000年
分别注浆倒模成型，烧制至1 400℃
100 cm×22 cm×22 cm
照片：雷纳·劳特万（Reiner Lautwein）

灯具

　　瓷器细腻和通透的特质使其自身特别适合从内部被照亮，由内而外发出柔和温暖的光芒。复杂的形式通常采用注浆倒模这种商业化的方法，如科杜拉·卡夫卡和杰里米·科尔的作品。不过也有像彼得·比杜尔夫制作的，使用LED照明的一系列拉坯雕塑造型，以及瓦莱丽亚·纳西门托（Valéria Nascimento）在巴黎商场呈现的由3 500个独立的手压花瓣制成的最新照明装置。

左下图：彼得·比杜尔夫（Peter Biddulph）
《发光体》，2005年
17个拉坯成型雕塑中的10个，LED光纤电线，哑光缎面釉，还原烧制至1 280℃和氧化烧制至1 200℃
最高108 cm×宽27 cm
照片：彼得·比杜尔夫（Peter Biddulph）

右图：科杜拉·卡夫卡（Cordula Kafka）
《XY》，2008年
注浆倒模成型，烧制至1 400℃
"X"：30 cm×36 cm
"Y"：35 cm×28 cm
照片：雷纳·劳特万（Reiner Lautwein）

最右边：彼得·比杜尔夫（Peter Biddulph）
《发光体》作品中的《射手星群》（个别器形），2005年
拉坯成型雕塑，LED光纤电线
最高75 cm×宽45 cm
照片：彼得·比杜尔夫（Peter Biddulph）

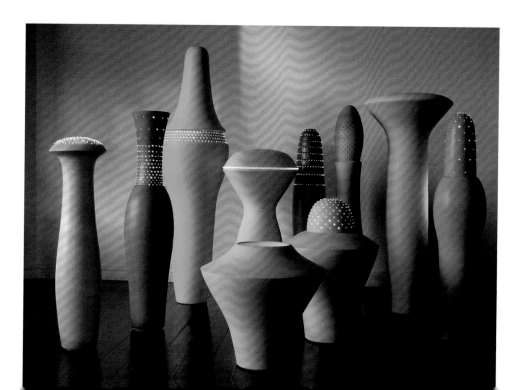

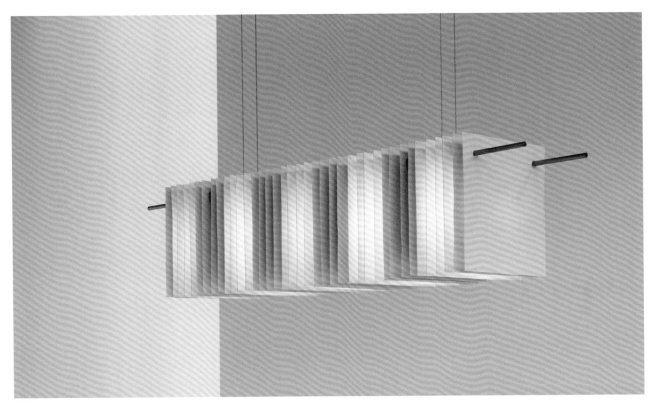

《奔放的马》，1621—1627年
明天启青花瓷，青花釉下彩绘，直径
15 cm× 高2.5 cm
私人收藏
照片：薇薇安·弗利（Vivienne Foley）

生坯和素坯上的平面设计

釉下彩绘

釉下彩绘让人想起中国陶瓷明清时期对钴蓝的运用。复杂的场景在生坯上以极高的技巧绘制得惟妙惟肖。先用釉下钴彩勾制图案，再用釉上彩填色并以大约800℃的温度二次烧制。这种在15世纪发展起来的技术被称为斗彩或逗彩。而在16和17世纪流行的五彩工艺，则是在随机区域而非勾勒线条时使用釉下钴蓝，并进一步施以各色釉上彩。

釉下彩料也可以在上过釉但未烧成的素烧坯上以绘画的方式使用。如果底釉仍然略微湿润，则更容易上色。

釉中彩绘

通过在釉层之间绘制或喷涂来选择性地着色，这可以增加表面色彩的层次感和微妙变化。

弗丽斯蒂·阿里芙（Felicity Aylieff）
《静物与咖啡壶》，2013年
粉彩，珐琅彩，高56 cm×宽
20 cm×深20 cm
照片：弗丽斯蒂·阿里芙（Felicity
Aylieff）

釉上彩绘

釉下彩绘可以为釉上彩描绘轮廓。理想的绘画表面是光滑、亮面、没有针孔或开片的釉面。颜料必须磨得很细，并与媒介如动物脂肪、油或阿拉伯树胶混合，然后用细笔刷涂绘。

如今釉上彩几乎可以涵盖色谱上的所有颜色，这有利于预测烧成效果，也可以混合进行调色。釉上彩必须在釉烧后绘制，并在730～800℃之间进行低温第三次烧制，这将保持它的永久性。

在18世纪中叶转印花纸发展之前，釉上彩绘是在瓷器上引入场景和主题装饰画的普遍方法。如今，它仍为自我表达和流畅的绘画风格提供了巨大的空间。

玛丽·怀特（Mary White）擅长釉上彩书法，她的书法巧妙地与瓷碗的曲面配合。弗丽斯蒂·阿里芙与景德镇的中国传统陶瓷厂合作，通过其现代感的设计和巨大的作品尺寸，将釉下彩和釉上彩技法发展成为其独有的风格。

陶瓷印刷

丝网印刷或贴花

带有印刷装饰的瓷器已经存在250多年，它主要是工业生产使用的工艺，但对于小批量生产，即使对于在工作室里制作单件作品的艺术家来说，它也很实用。陶瓷的丝网印刷转印可以提供巨大的创作空间。书面文字如诗歌、文本或广告，以及图形和摄影图像，都可以在器皿和瓷砖等平坦表面及复杂的雕塑形式上清晰地再现。

在贴花工艺中，陶瓷颜料与溶剂或水基介质混合，然后通过丝网印刷到涂胶纸上，再移到瓷器表面的位置上，并烧制至约800℃，即釉上彩的温度。

丝网印刷能实现丰富的视觉效果。印刷了纹样的蜡纸可以剪裁并用作拼贴画，提供叠加效果。也可以在丝网上使用蜡防印花工艺。使用的颜料可以转移到生坯和素坯上，也可以使用在釉面上，应用范围十分广泛。

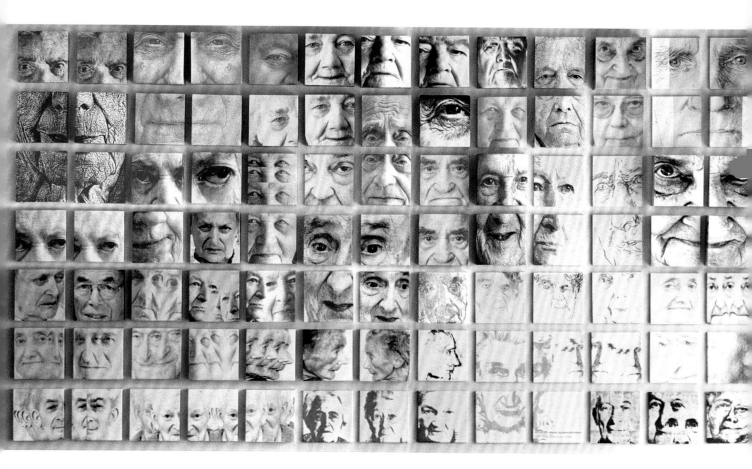

使用感光乳剂进行"摄影"丝网印刷是另一种需要探索的技术，数字技术也是如此。

进一步阅读，请参阅参考书目中凯文·皮里特（Kevin Petrie）的《陶瓷转移印刷》（*Ceramic Transfer Printing*）。

海绵转印

海绵转印是传统上用于陶器的一种低技术含量的转印方法，但并非不能将其以更复杂的方式运用在瓷器上。海绵可以根据设计被切割，拾取釉上色料或陶瓷印刷油墨并压印到新上过釉的表面。

金水

含有金属光泽的各式金水不仅有绚丽的彩虹色还有金色和青铜色等。它们通常以有机贵重或非贵重金属化合物的液体形式呈现，可以用毛笔绘制或喷涂。市面上售卖的金水笔可以用于精细的描绘，同时也可以用作丝网印刷的贵重金属墨水。

使用釉上彩时，釉面在绘制前必须无油无尘。在杰夫·斯温德尔（Geoff Swindell）的著名作品中，金水的表面张力被沾着松节油的细笔尖打破，呈现出放射色彩的漩涡（另见第6章，第114页）。

珍妮·奥根哈芬（Jeanne Opgenhaffen）
《阿尔多耶的日光》，2002年
墙面装置，高1.7 m× 长3.2 m
单个瓷砖25 cm²
照片：珍妮·奥根哈芬（Jeanne Opgenhaffen）

保罗·斯科特（Paul Scott）
《坎布里亚蓝，巴尔斯贝克
（Barsbäcke）2》，2007年
由皮亚·托内尔（Pia Törnell）
设计的罗斯特兰德（Rörstrand，
瑞典名窑）盘上釉内贴花拼贴加
金水修饰
长48cm×宽20cm×深4cm
照片：保罗·斯科特（Paul Scott）

非常规技术

几乎所有的瓷器加工方法都有着悠久的历史，但近来陶瓷艺术家已超越了传统的界限，打破了规则，获得了显著的成效。

詹姆斯·马金斯（James Makins）创作的色彩鲜艳的色泥胎体和非常规的拉坯方式颠覆了我们对瓷器精致、纯白和通透的预期。他根据不同的转轮转速和手指压力绘制空间中的三维线条，制作重叠的时间结构。

受到韦奇伍德（Wedgwood）18世纪玄武岩黑陶器的启发，我用混合了大量黑色色剂的瓷泥制作过一种致密的黑色陶瓷。后来我将这种瓷泥的制作改良成降低工作室污染的一种泥浆。

保拉·巴斯蒂安森（Paula Bastiaansen）的创作从详细的图纸开始，她在图案上铺上薄薄的瓷泥条，构建图案的同时控制黏土的湿度，然后在烧过的炻器模具中重新组建并进行烧制。

左上角：保拉·巴斯蒂安森（Paula Bastiaansen）
《无题》
薄薄地轧制和组装成型
高 30 cm
照片：玛丽亚·范·哈塞尔（Marja van Hassel）

左下：保拉·巴斯蒂安森（Paula Bastiaansen）
《无题》
薄薄地轧制和组装成型
高 47 cm
照片：玛丽亚·范·哈塞尔（Marja van Hassel）

右图：努拉·奥多诺万（Nuala O'Donovan）
《网格，隐藏的蓝色》，2011 年
多次烧制，高 33 cm × 宽 33 cm × 深 23 cm
照片：珍妮丝·康奈尔（Janice Connell）

下图：瓦莱里娅·纳西门托（Valéria Nascimento）
《螺旋序列》，2011 年
墙面装置，高 50 cm × 长 200 cm
照片：瓦莱里娅·纳西门托（Valéria Nascimento）

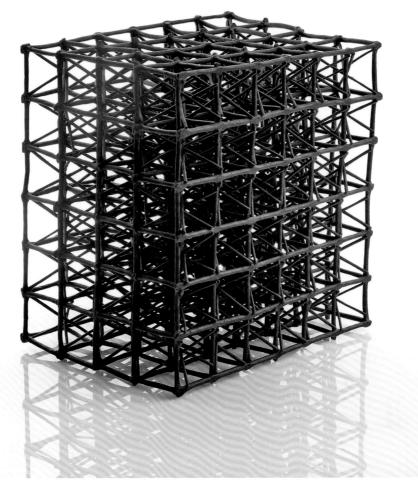

第 6 章

瓷器的釉料

　　无处不在的日用瓷让我们对釉面习以为常，而对釉料的了解大多以其给予器物亮洁、卫生、坚硬、耐用的特性为主。当我们在各大博物馆中第一次看到陶瓷藏品，或是看到当代陶瓷艺术家那充满多样性及独创性的作品时，釉料丰富的变化着实会让我们眼前一亮。

　　对于陶瓷不可或缺的釉料不仅仅是简单的外壳，而是被赋予一系列特征的东西，这些特征或强调了主题或为其注入了视觉层次和情感意义。瓷胎和釉料应被视为一个整体。陶瓷釉面可以唤起人们对玉石、抛光石、象牙和煤玉的印象，可以让人感觉像丝绸，或让人联想到流水或蓝天。

　　瓷釉的美感，也是这个主题如此迷人的主要原因之一，这是只有在纯白色的胎体上才能实现的色彩反应。从几近于无的蓝色和青色的低语，到深沉的铜红色，任何颜色似乎都能实现。基本上，只要微调一下收缩率，大多数用于炻器的釉都可以用于瓷器。此外，充满含蓄美的炻器釉具有微妙、安静的色调，因此展现在白色通透的胎体上，仿佛有光向外透出时，往往显得更加灵动及层次分明。

左图：宫村英明（Hideaki Miyamura）
《金釉盛开》，2012年
拉坯后改动造型，还原烧制至12号温锥
高61 cm × 直径25 cm
照片：迪恩·鲍威尔（Dean Powell）

右图：珍妮·奥根哈芬（Jeanne Opgenhaffen）
《流水的力量》（细节图），2008年
染入蓝色的瓷片，2.2 m × 1.5 m
照片：珍妮·奥根哈芬（Jeanne Opgenhaffen）

　　无可否认，瓷器及其釉料的发明是陶瓷史上最后一次伟大的发展。自从中国唐朝开始生产高温瓷以来，以及此后历代流传至今的许多瓷器，都为我们提供了研究的基础和灵感来源。再者，将釉料更广泛的历史列入研究也很是有趣，这样就可以追溯各种瓷器类型的发展，以借鉴并应用在当今的瓷器上。

　　考古和科学领域的研究不断地扩展着我们对釉料的了解。最早的釉料技术看似是在古代几个不同的地方发展起来的，而且每一个都各不相同，这取决于文化、当地矿物成分的差异和窑炉技术。新的陶瓷工艺和商品随后沿着既定的贸易路线而广泛传播。

　　欧洲的史前矿区开发了对金属的使用，尤其是铜。从公元前3世纪开始，地中海的陶艺家就开始使用彩色石英熔块（这种做法可能起源于公元前6—前5世纪的美索不达米亚），这项技术从地中海一直传播到埃及和叙利亚。

　　一些已知最早的上釉制品是在埃及前王朝时期的坟墓中发现的珠子和小物品，被称为埃及彩陶或铅玻璃。它们由碾碎的石英或沙子的碱性混合物制成，很少或不含黏土，通常用微量铜着色。可溶性盐在干燥过程中迁移到表面，并在950℃以下的低温烧制中形成原始釉。这种特征鲜明色彩生动的碱性绿松石蓝，如今可以在高温瓷釉中使用钡来重现。

　　相对简单的釉料技术也在美索不达米亚和巴比伦同期发展，到公元前2世纪末，出现了几种不同颜色的釉面砖。到公元前575年，人们制出了组成巴比伦城墙的壮观的苏打釉墙砖。在柏林佩加蒙博物馆看到的伊什塔尔门就是这座城市的八个门之一，就像在第5章中提及的，当代的瓷墙面和瓷板在公共建筑中构成的艺术装置一样，在此时期陶瓷就在大型建筑中被使用。

　　在中国，窑炉技术独立地发生了飞跃。1929年，在河南安阳出土了第一批上釉原始瓷器，其历史可追溯至公元前1700—1027年的商朝。一件带有印纹装饰的精美器皿被施以一层流动的、有光泽的、糖浆色的釉料，一直流到足部。在这个时期，富含石灰且钾含量低的高温草木灰釉被烧至超过1 200℃的温度。这些器物的生产持续到西汉时期（公元前206—公元24年）。

　　从公元前1世纪末到罗马时期，地中海和中东地区开始使用低温碱性釉和铅釉。中国汉朝时期（公元前200年—公元200年）也使用了铅釉，并且在伊斯兰世界具有很高的艺术性。铅会氧化，其中许多器皿已退化为珠光彩虹色，其表面成为当今艺术家的灵感来源，他们使用金属色泽的釉上金水来重现这些效果。

低温锡釉在8世纪末—9世纪被研制出来，并在整个欧洲广泛使用了数百年。几个世纪以来，它们一直被用作模仿中国瓷器，直到1707年人们发现了硬质瓷的秘密。

正如第1章所述，从唐朝开始，中国瓷器风格在南北方窑址中快速扩增，釉料技术也随之发展。南方风格包括10世纪初使用的石灰碱釉，使用石灰石而不是草木灰作为主要的釉料熔剂。宋朝晚期，半透明石灰釉被称为青白釉，使用于10—14世纪。14世纪的釉灰加瓷石的混合料成为钴画上的标准釉料，而釉灰含量大大减少的枢府釉（又称卵白釉）能非常完美地呈现印坯成型的碗上的雕花。

北宋时期诞生了定窑瓷器那精美绝伦的釉色。这些漂亮的乳白色釉料富含黏土和镁，并在氧化氛围中烧制。

钧瓷的釉料被描述为"光学现象"，因为它们所包含的大量气泡会折射光线，使釉料展现出极其丰富的层次感和微妙变化。其釉料为石灰碱型，着色取决于铁和钛元素。这些釉料已被大量研究并且引起了当代陶瓷艺术家的极大兴趣。

痰盂，中国北宋，定窑，10世纪
直径15.9 cm × 高8.9 cm
照片：伦敦维多利亚和阿尔伯特博物馆

左图：陪葬罐（用来盛装谷物），
中国，南宋，1127—1279年
龙泉釉，高25.5 cm×直径12 cm
照片：伦敦维多利亚和阿尔伯特
博物馆

在中国南方发展出的所有釉料中，最引人注目的也许是宋朝的龙泉青瓷。这些12世纪末—13世纪初的经典釉料旨在模仿玉石，颜色从鸭蛋青到梅子青再到灰青不等，常被分几次施在厚实的瓷胎上。

釉料的类型

右图：宫村英明（Hideaki Miyamura）
《三釉色花瓶》，2010年
还原烧制至12号温锥，高
48 cm×深20 cm
照片：迪恩·鲍威尔（Dean Powell）

还原釉

还原釉料深受陶瓷艺术家的喜爱，因为它们格外丰富且层次感强，并且能带出在氧化烧制中被隐藏的特征。然而，其烧成结果却是无法保证的，你必须接受其实验性的因素。

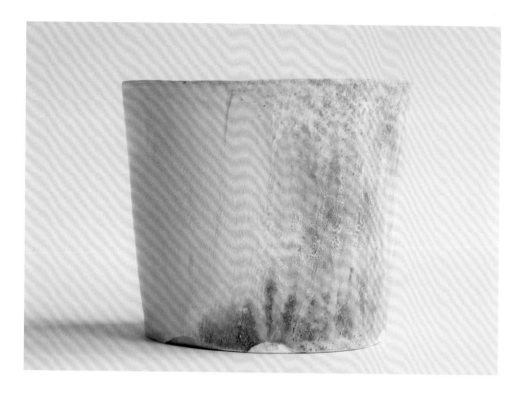

左图：田渊太郎（Taro Tabuchi）
《器皿》，2011年
偶然性窑变，白瓷，柴烧，透明
釉上飞灰
照片：Panorama

草木灰釉

草木灰由富含钙和钾的化合物，以及少量二氧化硅、氧化镁、磷酸盐、碳酸盐和其他氧化物组成，并且根据木材的类型可以获得微妙而独特的着色效果，这在还原烧制的白色瓷器上尤其漂亮。柴窑中的天然飞灰会在器皿肩部形成偶然的釉色。

铜红釉

博物馆中的历史藏品（例如位于大英博物馆的珀西瓦尔大卫基金会中的藏品）中的铜红釉十分值得研究，因为它们有着丰富的颜色差异，会让你很好地了解该釉的各种可能性，从最浅的粉红色到桃红色，再到霁红、深牛血色或猪肝红。

铜在烧制过程中很容易挥发，因此结果可能难以捉摸，被重新氧化的区域会恢复为绿色。最浓郁的红色通常具有玻璃状质地，具有一定深度，显示出所谓的分相，即由釉的微观结构产生的光学品质。这种釉可能会有气泡和开片，通常还有一些针孔。用低至0.5%的氧化铜与氧化锡结合即可产生良好的红色。

青瓷釉

青瓷釉的颜色可以有很大差异，这种差异可以通过添加少量铁来实现。铁的来源为氧化铁红、氧化铁黑，或氧化铁黄，仅添加0.5%的铁就能在还原烧成中获得淡绿色。青瓷釉在重新氧化时呈黄色。其烧制通常采用缓慢的升温和降温，并在达到烧结温度前1 h用强还原焰烧成。

右图：贾斯汀·泰尔赫特（Justin Teilhet）
《无题》，2013年
铜红色还原烧制，高53.5 cm
照片：贾斯汀·泰尔赫特（Justin Teilhet）

最右边：薇薇安·弗利（Vivienne Foley）
《曲折花瓶》，2011年
高39 cm
照片：薇薇安·弗利（Vivienne Foley）

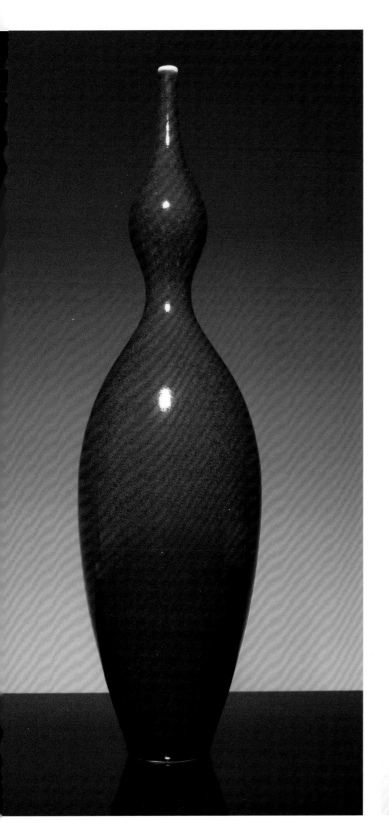

天目釉

天目釉在黑底上呈现出丰富的棕色调，并发展出"兔毫"和"油滴"的效果。它们含有高达8%的氧化铁，通常被认为是氧化釉，但可以在还原过程中获得特别美丽的红色调。通过在釉面上刷铁或锰，或在釉中添加少量骨灰可以得到更好的效果。

氧化釉

氧化烧，尤其是在使用电窑烧制时，可以确保清洁可控的氛围。还原釉也可以在氧化中烧制并产生不同的效果。通过使用釉料、色粉、碱性氧化物和钡等材料，氧化釉能带来无限的颜色选择。

结晶釉

在特殊的烧成和处理下，结晶釉会产生奇妙的效果。它可以在氧化或还原氛围中烧成，不同的结晶釉的釉料配方烧成范围从6号温锥到10号温锥不等。这些釉料高度玻璃化并具有高流动性，通常含有25%的煅烧氧化锌。在熔釉即将凝固的阶段，将窑温保持长达3～5 h，硅酸锌晶核或晶种便会形成有戏剧性效果的晶体结构。

烧制结晶釉的器皿时必须将其放在特制的杯子上以接住流釉，精加工时，圈足必须用研磨设备研磨干净。

下图：克里斯·基南（Chris Keenan）
《茶壶与茶杯》（套装），2013年
天目釉，茶壶高23.5 cm，茶杯高10 cm
照片：迈克尔·哈维（Michael Harvey）

右图：薇薇安·弗利（Vivienne Foley）
《花瓶》，1987 年
黑镁釉，高 19 cm
照片：杰夫·史密斯（Geoff Smyth）

下图：比尔·博伊德（Bill Boyd）
《结晶釉花瓶》，2013 年
"暗星"釉与 24K 金点缀，高 36 cm×直径 46 cm
照片：比尔·博伊德（Bill Boyd）

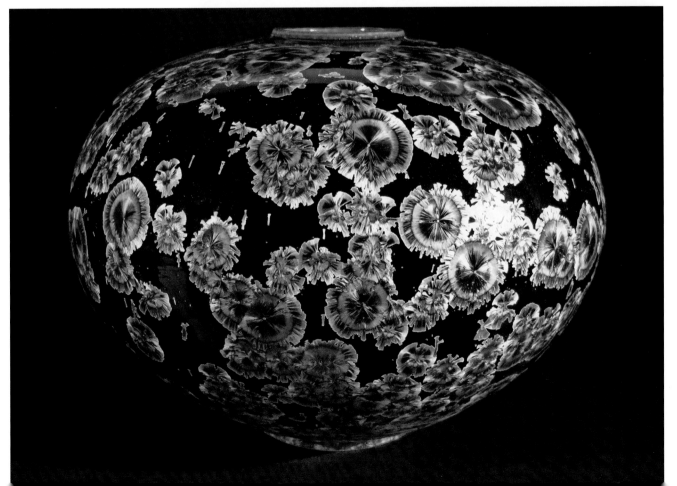

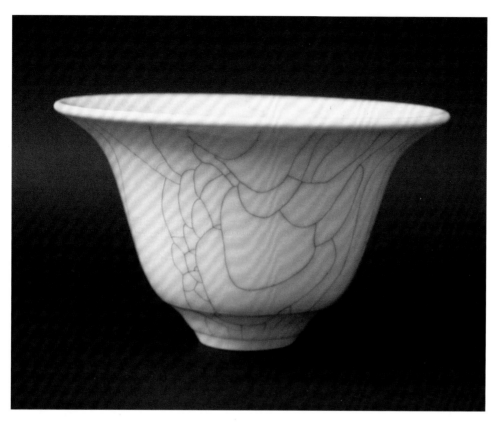

克里斯汀·安·理查兹（Christine-Ann Richards）
《冰裂纹碗》
照片：克里斯汀·安·理查兹
（Christine-Ann Richards）

裂纹釉

虽然裂纹原是烧成中的一种缺陷，但裂纹釉故意夸大了这种效果。高膨胀系数在于添加大量的钾或钠，或许还有稍微调高的烧制温度。在瓷器上，使用亮面釉比用哑光釉更容易形成开片，也使开片的纹路更容易染色。

中国宋朝的炻器发展出多种风格，包括美丽宽大的"蟹爪纹"和更复杂的"金丝铁线"，后者是通过给刚出窑的器皿染色后，待其产生更多开片并再次染上对比色制成的。

必须承认的是，裂纹釉通常更适合炻器而不是瓷器，因为它需要更厚的釉层，若施在薄壁的瓷器上可能导致胎体变得脆弱，因此不适合用于食器。然而，从视觉上看，这种釉料非常漂亮。

钡釉

在釉料中添加超过20%的碳酸钡，可以调配出具有柔和光泽的哑光釉料。使用钡主要是为了它可带来的颜色反应。在氧化过程中，钡釉中的铜会呈现出强烈的绿松石色，而铬、钒、铁和钴都会呈现出绚丽的色彩。然而，钡是有毒的，因此不能用于制作食器。

薇薇安·弗利（Vivienne Foley）
碗，含钡和铜釉，直径 15 cm
照片：薇薇安·弗利（Vivienne
Foley）

苏打釉或蒸汽釉

苏打釉或蒸汽釉是一种只能在明焰窑中使用的技术，通过在烧制周期结束时往窑内喷入钠盐，以在裸胎上形成釉。在英国，苏打釉在历史上与 19 世纪的实用陶器有关联，但正如杰克·多尔蒂（Jack Doherty）近年的作品所展示的那样，它在瓷器上也可能产生有趣的颜色和肌理效果（另见第7章）。

阻隔胶、剔花和泥浆涂绘

可以通过对刚上釉的表面进行处理来实现装饰效果。在釉下或釉上涂上水蜡以产生微妙的效果。轻轻地用海绵擦拭打蜡的区域，或者再喷上一层釉；也可以在釉料上涂乳胶抗蚀剂，然后喷或浸更多层的釉，最后剥离乳胶。这可能会导致参差不齐的边缘，可将其视为装饰效果的一部分，也可以用手指将其抹平。

剔花

剔花原本是文艺复兴时期的绘画技术——刮除法，陶艺家将其应用在了陶瓷上。这是一种通过釉料或泥浆层刻划出图案的方法，最好在釉料仍然微湿时进行。

泥浆涂绘

可以将近似奶油稠度的白色或彩色泥浆放在涂绘泥浆的画瓶中，以用作绘图工具。在成坯上，涂绘的线条可能会略微凸起。泥浆中可加入少量基础釉或透明釉，以改变收缩率和肌理。

化妆土

化妆土是由泥料制成的泥浆，并通过120目筛筛分到与釉料相同稠度而制成，它可以用10%～18%的陶瓷色粉着色，然后以浸釉或喷釉的方式施用。化妆土表面可以叠加釉层，也可以不上釉。

收集修坯产生的碎泥屑来制作化妆土是个便捷的方法，非拉坯者应该让黏土完全干燥并在塑料袋内压碎成粉末。按湿重50∶50的比例将泥浆和调配好的釉料混合在一起，能制作出不错的哑光泥浆。

只要收缩率相似，就可以用更白的瓷泥制成的泥浆或化妆土覆盖不够白但塑性较好的泥胎，然后在素坯阶段抛光，并在1 200℃以上的温度下烧制。

反应泥浆

我通过将40 g碳化硅（经过220目筛过筛）添加到630 g陶瓷泥浆中，用氧化物或其他方式着色，制成了一种反应泥浆或"火山"泥浆。碳化硅在喷枪中会沉淀并导致堵塞，因此最好将其刷在素坯上，然后再涂上着色氧化物。例如，铜会生成绿松石色，而钒（注意这是有毒的）会生成黄色。碳化硅可以生成局部还原效果。

这些泥浆通常是实验性的，因此如果打算再涂一层釉料来覆盖它们，最好使用喷涂的方式，因为浸釉会污染釉料桶。

重金属泥浆

金属泥浆不适合用于制作食器。当从窑中出来时，它们是明亮的青铜色和金色，但随着时间的流逝，它们会氧化变暗。金属泥浆可以被刷在素坯上或未烧制的釉上，

薇薇安·弗利（Vivienne Foley）
《六十年代花瓶》，2000年
黑白釉，上釉时使用乳胶剂阻隔，高31 cm
照片：薇薇安·弗利（Vivienne Foley）

迪恩·史密斯（Dean Smith）
《红色系列茶壶》，2010年
超白瓷，化妆土，透明釉，釉上铂
金和金水，先烧制至1 260℃，上金
水后再烧制至760℃，高14 cm×
宽20 cm
照片：朱莉·米洛威克（Julie
Millowick）

薇薇安·弗利（Vivienne Foley）
《星碗》，1994年
碳化硅涂层上加钒色料烧制，直径
30 cm
照片：薇薇安·弗利（Vivienne
Foley）

薇薇安·弗利（Vivienne Foley）
青铜涂层碗，约1994年
拉坯并切割，直径23 cm
照片：薇薇安·弗利（Vivienne Foley）

但必须小心，因为它们在高温下极易流动，因此最好只使用它们来强调碗的边缘或内部。其高浓度的重金属颗粒也会导致喷枪堵塞。

可以尝试用7份二氧化锰配3份红土或赭石和1份氧化铜作为配比。

釉料颜色

釉下彩

釉下彩料可以直接使用或与介质混合使用，以在生坯上进行彩绘装饰，这样在一定程度上它能更好地与胎体结合，并且在浸入釉料时不易晕开。在素烧坯上应用则更容易修改，但安全起见釉层应喷涂。选择多样的市售色料是可混合的，也可以通过小心地添加基础氧化物进行调色。

釉料和黏土着色剂

基础矿物原料、氧化物、二氧化物和碳酸盐，如钴（浓度极高）、铜、铬、锰和铁，都可用作釉料和黏土着色剂。它们着色能力强，需要通过200目细筛进一步研磨和淘洗。

坦尼娅·戈麦斯（Tanya Gomez）
《三件一组》，2012年
氧化与还原烧制至1 280℃，最高
33 cm×最宽19 cm
照片：西蒙·彭特（Simon Punter）

詹姆斯·马金斯（James Makins）
《Momo》，1995年
拉坯器型
照片：山冈康弘（Yasuhiro Yamaoka）

李家进（Lee Ka Jin）
《粉饰杯子》，2011年
染色泥坯，氧化烧制，高
12 cm × 直径 7 cm
照片：韩国首尔LVS画廊

商业着色剂是由基本原材料合成、烧结而成的颜料，因此它更加稳定，且通常以5% ～ 8%的比例添加到釉料或黏土中。

釉上彩和金水

瓷的纯白质地特别适合釉上彩绘或丝网印刷。釉上彩和金水装饰在商业生产中的颜色选择范围非常广泛。它们必须与介质混合用以绘画，并且必须在730 ～ 800℃的低温下对器皿进行第三次烧制。这个过程有一定的危险性，必须小心处理。它们会在温度低于500℃时产生一些气体，因此需要保持房间良好的通风。

金水也有多种可供选择的颜色，可以喷涂或刷涂，并且可以通过用松节油润湿的刷头来打破其表面张力以产生装饰效果（另见第5章，第94页）。

左下图：中国，康熙末年，1608—
1700年
釉上珐琅彩笔筒，高16 cm × 宽
18 cm
巴特勒家族收藏
照片：薇薇安·弗利（Vivienne Foley）

右下图：卡仕达酱杯和碟子，斯波德陶瓷（Spode Ceramic）作品，斯托克，1815—1820年
珐琅和镀金装饰，高7.6 cm × 直径8.3 cm
照片：伦敦维多利亚和阿尔伯特博物馆

迪恩·史密斯（Dean Smith）
《冰闪》（Ice Blink），2011年
瓷炻器，化妆土加结晶釉和铂金水，
氧化烧制至1 260℃后上金水再烧制
至760℃，高10 cm×宽30 cm
照片：迪恩·史密斯（Dean Smith）

贾斯汀·泰尔赫特（Justin Teilhet）
《组件》，2013年
仿铁面金属釉加24K金箔，最高
45.75 cm
照片：贾斯汀·泰尔赫特（Justin
Teilhet）

工作室操作

我们总是容易被器物表面的效果所吸引，对于上釉，有多种纹理和颜色可供选择并发挥想象力，但上釉应该始终是初始概念的一部分，而不能在素烧阶段之后才考虑。

大多数陶瓷艺术家都会尝试已发表的釉料配方，然后根据自己的情况进行调整，再制定自己的釉料配方。

设计自己的釉料时要记住以下要点：

- 所有釉料均由二氧化硅、氧化铝和助熔剂组成
- 二氧化硅是玻璃成型剂（石英、燧石）
- 氧化铝可使釉料变硬（黏土）
- 助熔剂决定了釉料熔化的温度（长石、康沃尔石、霞石正长岩、白垩粉，白云石是一种次要助熔剂）。

（另见第3章）

其他添加物如着色氧化物和乳浊剂赋予釉面特性。

- 着色氧化物（主要是锰、铜、铬、钴、铁）。
- 乳浊剂（钛、氧化锡、锌）。

胎釉结合

许多公开的高温釉配方并没有区分在炻器和瓷器上的适用度，因为烧成温度在相同的范围之内，因此将炻器釉用于瓷器时，您可能会认为除了颜色呈现之外不会有其他明显的区别。然而，大多数炻器釉使用在瓷器上会形成一定程度的开裂，你可能需要调整釉料配比以适应不同的胎体。这是因为往往瓷泥中的二氧化硅含量偏低而助熔剂含量偏高，这两种特性都会导致釉面出现裂纹。另一个因素是瓷器的表面通常比炻器更光滑，因此釉料不容易像施于炻器表面时那样"渗入"进去。

具有通透性的瓷泥和炻器黏土之间的根本区别在于，瓷泥通常基于瓷土，而炻器黏土通常基于球土、耐火黏土或二者的混合，其中就会有高量的游离晶态二氧化硅。例如，海普拉斯（Hyplas）71号球土含有约40%的晶态二氧化硅，而瓷土中其含量低于5%。

游离二氧化硅的含量在很大程度上决定了泥胎内在的抗裂性，并且可以通过调节其含量来为泥胎提供烧结温度下所需的热收缩率。但是瓷胎会在高温下形成大量玻璃质，这导致游离二氧化硅开始与其他材料结合形成硅酸盐。游离晶态二氧化硅具有高热膨胀率，而硅酸盐具有低热膨胀率。对于炻器胎体，温度烧得稍

微高一点是解决龟裂问题的经典方法，因为这会增大胎体中游离二氧化硅的热膨胀/收缩率。这方法在一定程度上适用于瓷器，但一旦游离二氧化硅开始进入釉溶液形成硅酸盐，则其热膨胀/收缩就会逆转。因此，稍许的过度烧制反而会增加瓷胎的开裂。

一些构成胎体的原材料会再次以粉末形式包含在釉料配方中，因此，胎体和釉料的相互影响应作为一个整体而论。概括地说，瓷胎烧结时是玻化的，几乎呈玻璃状，高温釉依据材料和玻化来与胎体密切联系并相互啮合。但是，对于瓷器而言，如果釉料的膨胀系数仍然太高，则不一定能保证不开裂。

膨胀系数是指，所有被烧制的陶瓷在加热和冷却至约300℃的过程中所经历的长度或体积的微小变化。因此，高膨胀率的坯体也是在最后300℃左右或冷却过程中有效收缩的。实际收缩虽小，但足以压迫已形成固态的釉料，从而避免开裂。高膨胀率的胚体往往助熔剂含量低，富含细二氧化硅，如工业陶器就是个很好的例子。

高膨胀率的釉料在冷却时会产生相应的高收缩，因而在大多数作品上会出现裂纹。要实现完美的胎釉结合，就必须对胎体和釉料的其中之一或两者进行调整，对釉料进行调整通常更容易。

有多种方式可使釉料更贴合（避免开裂），我通常采用不减少助熔剂的同时，将其二氧化硅含量提高几个百分点的方法。然而，在实践中都是说起来容易做起来难，要防止瓷釉开裂并仍然保持其特性更是出奇的困难。将长石换成康沃尔石，用滑石粉或硼酸钙熔块代替百分之几的白垩粉有时可以解决问题。在氧化釉中，一些白垩粉可以换成氧化锌。然而，富含长石的釉料会在大多数物体上开裂，所以长石是制作"开片釉"——即高膨胀率的釉料的主要成分，它在冷却时会产生有趣的开片效果。

永远记住，胎体和釉料各自的厚度对器物的美观和机械强度，以及它们的耐热性有很大的影响。如果釉层很厚而体壁很薄，釉很可能会立即或随着时间的推移，或因暴露在沸水中而裂开。

配制釉料

使用干燥材料配制釉料时，请遵循制作瓷泥的初始步骤（参见第3章）。轻奶油的稠度通常适用于浸釉和喷釉。如果需要统一不同批次的精准性，可以使用比重计来做记录，或者在给器皿上釉之前使用素坯试片浸釉。如果能在搅拌桶时确定釉料的状态，以及了解各种釉料的最佳厚度，则需要一定经验的累积。

如将釉料配得稍浓一些，然后在准备使用时再加水稀释会更容易。如果将其配得太稀，将不得不等待几个小时，直到它充分沉淀，才能将多余的水倒掉。釉料应始终储存在密封容器中，以防止水分蒸发。

即便在使用过程中，釉料也会渐渐沉淀，因此在填装喷釉壶或浸釉之前一定要再次搅拌。随着时间的推移，一些釉料会变得坚硬，此时只需添加几滴商业抗絮凝剂——但不能多，因为过度添加也会导致沉降——抑或加入由热水化开的1%白色膨润土。

施釉方法

从根本上说，炻器和瓷器在施釉技术上没有区别。然而，瓷器不常以普通方法直接施釉，因为薄胎的器皿很容易吸水饱和，导致釉难以附着在坯体上。为了避免这个问题，可以在窑中将素坯加热到100℃，戴着手套操作，并在容器装满釉前快速旋转使釉完全覆盖内壁。然后在施外釉之前，使器皿干燥并重新加热。

因为瓷器的尺寸通常相对较小，并且需要平滑而均匀、没有流釉和厚度不均等影响釉面的问题，这些在浸釉和修饰时几乎不可避免，因此最好通过喷涂的方式来施釉。

喷釉

喷釉时有一些规则需要遵守：

安全第一：理论上电窑必须配备窑门打开时自动切断电源的装置，但还是要反复检查。请始终戴上手套和面罩。

喷枪

众所周知，喷枪很容易堵塞，这会导致飞溅和粗糙的表面，因此使用后要仔细清洁所有部件。如果不得不在施釉过程中拆下喷枪，这也是正常的，但请确保在填充储液罐时没有气锁现象。

碗

- 内部：从窑中取出干热的碗。放在转盘上并给内部喷釉，并确保边缘同样被覆盖。在出现稍许的饱和迹象时，须将其放回窑中重新加热。
- 外部：从窑中取出干热的碗并悬置于转盘上，确保边缘是悬空的。可以用高度合适的圆柱体物品在内部支撑，并在顶部放置一块薄海绵以保护碗内部的釉。
- 施第一层釉时先喷边缘，因为该区域易冷却并因此很快吸水饱和，再从足部向下往边缘喷釉，可以通过用针刺破釉面来判断是否达到预期的厚度。
- 用刀片修去圈足上的釉料，并在釉料仍然微湿时用海绵擦拭，然后放在一边晾干。

空心器形

保持器皿的边缘不接触转盘尤为重要，因为喷枪喷出的釉料会迅速地聚集。

- 内部：按如下所述倒入釉料（参见"浸釉"）。
- 外部：遵循与碗相同的程序（可以的话将器皿翻转过来），先给薄边缘喷釉，然后从圈足下方几英寸处继续喷釉。如果胎体开始饱和，请清洁圈足并重新加热。最后，将作品直接放在转盘上并完成上釉，注意避开圈足。

- 像上文一样修整和擦拭圈足。
- 喷釉时务必小心不要使胎体过度饱和，这会导致烧制过程中缩釉。

浸釉

- 需要准备相当大的一桶（至少 3 kg）稠度合适的釉料用于给器皿浸釉。
- 根据壁厚，最好先在窑中加热器皿。往里面倒入釉料使其满至边缘，然后从一侧倒出，或者一边倒一边旋转。待器皿完全干燥，将其再次加热，置入釉料中直至边缘，并从内部不接触边缘地支撑器皿。待其干燥后用画笔修整边缘。
- 可以借助上釉夹将扁平的餐具夹着浸入釉料中。
- 边缘和圈足需要修补和用海绵擦拭。

配合转盘使用的工具

- 湿海绵
- 针或锋利刀片，用于经常测试厚度。

釉料配方					
高温釉料中材料的占比					
丹尼尔·罗兹（Daniel Rhodes）指导比例：9—11号温锥烧成的釉料，常用材料上限范围，如下所示：					

釉料的70%	长石 50% 二氧化硅 20%	
釉料的30%	泥土本身 0～15% 白垩粉 0～15% 碳酸钡 0～10% 镁 0～10% 白云石 0～15% 滑石粉 0～15% 锌 0～5%	

草木灰（石灰）					
苹果木冰裂纹釉；还原烧9号温锥					
钠长石	白垩粉	燧石	苹果木灰		
80	9	8	6		
玫瑰红灰釉；氧化烧9—10号温锥					
钾长石	白垩粉	燧石	白蜡树灰	氧化锡	陶艺护身符绿4137号色粉（Potterycrafts Amulet Green Stain 4137）
48	42	42	36	19	10

红铜釉					
奈杰尔·伍德（Nigel Wood）宣德红；还原烧9号温锥					
钾长石	高岭土	石英石	白垩粉	动物骨灰	碳酸铜
52	10	25	12.5	0.5	0.4

长石釉			
罗兹（Rhodes）康沃尔石冰裂纹釉；还原烧10—11号温锥			
康沃尔石	白垩粉		
85	15		
罗兹（Rhodes）乳浊釉；还原烧10—11号温锥			
钠长石	白垩粉	球土	动物骨灰
80	10	10	2
官釉；还原烧9号温锥			
钾长石	白垩粉	杂木灰	
81	26	6	

钡　釉					
氧化烧9号温锥（不适用于食用器皿）					
钾长石	燧石	碳酸钡	高岭土	白垩粉	白云石
55	10	20	5	12	5
氧化烧9号温锥（不适用于食用器皿）					
霞石正长石	燧石	碳酸钡	高岭土	白云石	
70	10	20	10	5	
结晶釉					
氧化烧8—9号温锥					
Ferro frit 3110（美国Ferro生产的一种玻璃熔块）	煅烧氧化锌	高岭土	二氧化硅	金红石	着色氧化物
48	28	1	18	5	0.5%～2%
透明釉					
VF透明亮面釉；氧化烧8—9号温锥					
钾长石	高岭土	白垩粉	燧石	锌	
156	90	114	228	12	
安田猛透明缎面釉；氧化烧7号温锥（1 235℃）					
康沃尔石	硅灰石	高岭土	滑石粉	透锂长石	
48.6	37.7	6.4	3.2	3.2	
天目釉					
天目釉；还原烧10号温锥					
钾长石	高岭土	白垩粉	燧石	氧化铁	
72	7	13	8	12	
天目釉；氧化或还原烧9号温锥					
钾长石	高岭土	白垩粉	燧石	红色氧化铁	
66	8	12	12	9	
氧化镁釉					
氧化烧9号温锥					
钾长石	高岭土	滑石粉	白垩粉	石英石	钛
69	66	69	39	66	30

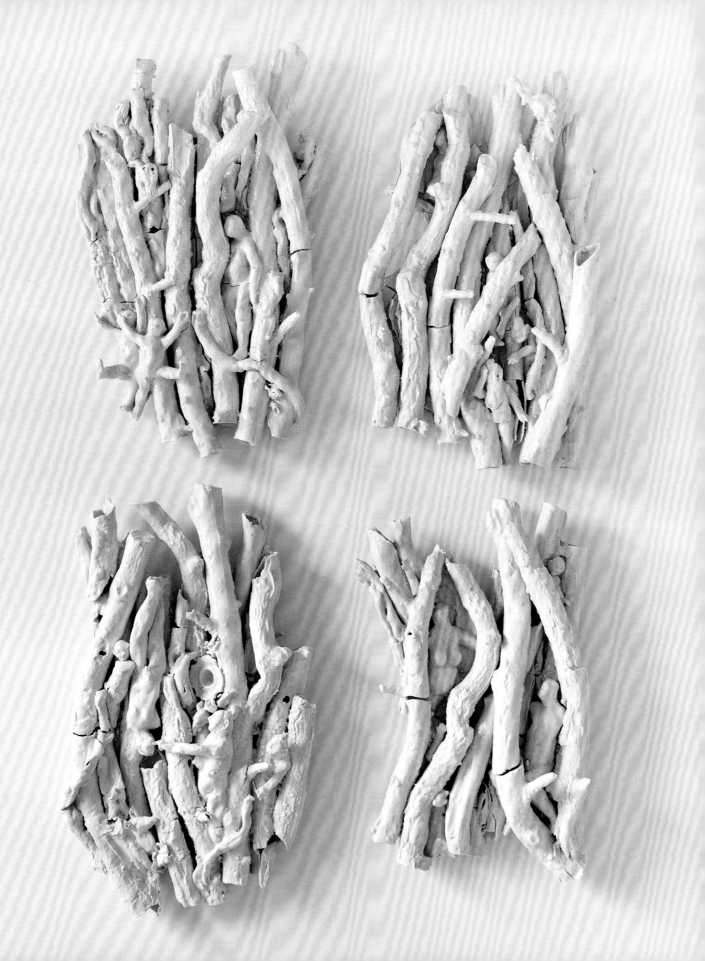

瓷器的烧制

第7章

在远东，"我可以参观你的窑吗"是比"我可以参观你的工作室吗"更常被问到的问题。这也不无道理，因为没有窑就没有陶瓷。

有几种常用的窑炉设计（直焰式、倒焰式、马弗式），使用的各种燃料（明焰窑会使用木材、煤、石油或天然气等），或用电进行氧化烧。它们没有一种是专门为烧制瓷器而设计的，但用于炻器的相同窑炉和烧制条件也会导致胎体和釉料产生截然不同的结果。

中国历史上发展出了两种主要类型的窑，与第2章中所描述中一样，以南北划分。在北方，馒头窑（名称来自其形状）使用煤在高达1 300℃的氧化氛围中烧成，生产定瓷和许多北方黑瓷。在诸如耀州窑、汝窑和钧窑中，它们则在还原氛围中烧成。在福建德化，于此基础上产生了阶梯窑，生产德化白瓷。

在战国时期（公元前475—221年）的南方，一些最早的原始瓷是在6 m长的带有侧面入柴口的窑炉中，以超过1 200℃的温度烧制的。

这些依山而建的窑被称为龙窑，它充分利用了周围丰富的松木资源及天然供应的瓷石（明朝中期，景德镇的龙窑已被淘汰，宫廷御瓷大多采用葫芦窑或蛋形窑烧制）。龙窑建在山坡上，单个窑室有时长达60 m。数以万计的瓷器被装在窑炉内整齐排列的匣钵中，以免烧制时落灰。

左图：迈克尔·弗林（Michael Flynn）
《森林童话》，2012年
4件浮雕，注浆倒模，重组，瓷器，透明釉，烧制至1 380℃，整体高133 cm×宽101 cm×深15 cm
照片：格泽戈兹·斯塔德尼克（Grzegorz Stadnik）

右图：田渊太郎（Taro Tabuchi）
Anagama柴烧窑（又称穴窑），日本高松市
照片：Panorama

火膛（又称燃烧室）在窑的一端，通过调节风门来控制氛围。烧制过程会持续数天，燃烧并消耗掉多达15 t的松木。

这些窑炉在宋朝时期（960—1279年）达到鼎盛，但该技术此前曾在5世纪传播到韩国，再传到日本，被称为"Anagama"或穴窑。

20世纪70年代中期我第一次访问中国时，当时的东道主并不想展示龙窑，而是更愿意强调他们现代化的、工厂化的、燃油的窑。值得庆幸的是，中国人现已开始重视他们伟大的历史遗产，在景德镇、佛山的石湾、南丰，一些古窑已经得到修复（或正在重建）。

穴窑对许多当代陶艺家来说很具有吸引力，尤其是在日本、澳大利亚和美国，他们决心保留古老的窑炉建造和烧制技术，并作为一种公共体验来感受热、火焰和疲惫带来的原始兴奋感。

新的穴窑形似于用砖建造的翻过来的船。天气会影响点火，高压或低压会改变火焰的质量，因此，就像驾驶船只一样，必须不断调整，只不过要控制的是通风和添柴。一个6 m长的窑至少需要18 h才能达到瓷器的烧成温度，3天才能冷却。

烧窑技术本身就是一种创作，相比精致的瓷器，陶器更可能呈现质朴的气质。遗憾的是，大多使用陶瓷材料的当代创作者没有机会探索柴烧的可能性。装窑、投柴、等待出窑的体验能给人带来很多满足感。备前窑和信乐窑爱好者所钟爱的随机呈现的釉料效果、颜色和肌理，如果在白色瓷胎上呈现一定很有趣。做到这一点的是日本陶艺家田渊太郎（Taro Tabuchi），他的瓷器因其低调的形式、微妙的肌理和着色而具有美妙的温度。

事实上，松木的钾和钙含量相对较高，可以产生迷人的彩色火痕，以及草木灰落在裸烧的器皿肩部（尤其是靠近火膛处）时形成的肌理。

田渊太郎（Taro Tabuchi）
3只碗，偶然性窑变，白瓷，
2011年
Anagama柴烧窑，透明釉
上飞灰
照片：Panorama

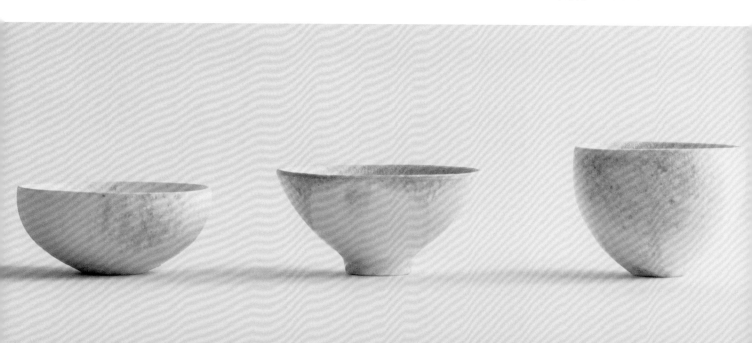

这些振奋人心的、强有力的根基使陶瓷的生产成为一种完整而全面的体验，使之成熟并蜕变。然而，许多人不得不在城市中使用电窑这种略显乏味的替代品，其优点是陶艺家们可以将精力专注于完善工艺和设计。

窑炉类型

电窑

电窑为大多数陶瓷工作者提供了最清洁、最简单的烧制方式，它分为侧开门式和顶开门式。根据负载和热功，电阻丝会在多次反复加热的过程中老化，并且需要更换——有时是单独更换，有时需成套更换——在给作品定价时需要将这些成本考虑进去。生产厂家不会给出其平均寿命，但我预计一组普通元件至少可以进行25次烧制。

现在，温度控制器是大多数窑炉的标准配置，可以从开始到结束对烧制进行编程，升温曲线分为3个阶段：① 到素烧温度；② 到釉烧温度；③ 降温冷却。

顶开门式窑

顶开门式窑更轻，更适合小空间，但装窑时则不那么方便。其隔热性不如侧开门式窑好，因此冷却得更快，除非控制降温曲线，否则会对釉料产生影响。

英国制造的顶开门式窑通常最高设定烧至1 300℃，如果容量低于约3立方英尺（0.085 m³），则设计使用单相电源（电厨具通常用的电路），任何更大容量的窑都需要三相电源的特殊接线。

侧开门式窑

在空间和通道不成问题的情况下，最好使用侧开门式窑。它与顶开门式窑的电路要求相同，但更易于装窑，尤其是需要抬起和放置较重的棚板时。此外，侧开门式窑通常隔热性非常好，其结实的钢结构窑身也十分经久耐用。

气窑

气窑在安装和选址方面要求更高，因为它需要烟道或烟囱，并且需要一个便携式丙烷气罐（19 kg以上）和一个1 t容量的永久性室外气罐。大多数人使用带两个47 kg气罐的双管路，以确保在点火过程中气体不会耗尽或压力下降，如果从单个气瓶中过快地取出气体就会发生这种情况。根据窑的大小和所用的耐火材料，一罐气可进行大约3次烧制。

现代气窑清洁、高效且可编程，可以节省更换电阻丝的费用。

丙烷气窑是各种燃料气窑中最常用的一种，具有柴窑的许多优点并避免了其缺点。使用气窑的明显优势在于它提供了能够便利地进行还原烧制的机会。

还原烧制

还原烧制是一门艺术而不是一门科学，其结果只能通过尝试了不同曲线的长期累积的经验，以及对你的窑的了解来实现。但是，正如第6章中所述，还原烧制的瓷器可能是所有陶瓷中最具吸引力和趣味性的。还原是一个窑变的过程。例如，氧化铁在氧化时呈棕色，在还原时呈青色和淡蓝色，而在氧化时呈绿色的铜在还原时会变成粉红色，然后变成鲜艳的红色。

在还原烧制中，通过限制进入烧嘴的空气量来减少窑室中的氧气含量，火焰会从蓝色变为黄色。通过在不同时间操纵通风口，使窑室处于压力之下，因烧嘴周围被吸入的空气有所减少。窑室中的空气会因一氧化碳而变得超负荷和混浊，以至于正在烧制的黏土和釉料没有足够的氧气来确保其完全氧化。为了还原为二氧化碳，窑炉中的空气将从黏土和釉料中的金属氧化物里置换氧气，并在此过程中改变它们的颜色。

烧制过程中通常在低于900 ~ 1 000℃的温度区间保持氧化氛围，然后在弱还原氛围中烧至最高温度或交替进行还原和氧化。不建议过强的还原氛围，因为这会导致鼓包（见第8章），而非常浓密的烟熏氛围也会弄脏釉料。还要注意的是，还原过程会在一定程度上减缓升温的速度，并且还会导致瓷胎略微变灰。

保留烧窑记录很重要，因为对于带有明焰的烧制，精确的还原程度很难量化，结果也千差万别。也许这就是为什么烧窑总是一种冒险，而美丽的作品就是胜利品。

宫村英明（Hideaki Miyamura）
《星夜釉面瓶》，2011年
还原烧制到12号温锥，高20 cm×直径18 cm
照片：迪恩·鲍威尔（Dean Powell）

盐釉或蒸汽釉

盐釉或蒸气釉会在制品上产生斑驳的效果和有趣的彩色火痕。在即将到达烧结温度的最后80℃时，将湿盐或盐水混合物喷入窑中，盐挥发并与蒸汽结合，在器皿上形成铝硅酸钠釉。泥胎中的二氧化硅被盐中的钠熔化，产生光亮的表面。将硼砂或硝酸钠添加到盐中会产生不同的效果，就像添加着色氧化物一样。也可以在烧制前将草木灰撒在器皿肩部，以产生颜色与质地的变化。然而，这种工艺不适用于电窑，因为窑壁和窑具会被盐的挥发物覆盖。

窑炉选择标准

窑是半工业或工业机器，必须充分考虑其安全性，并安装在合适的环境中。混凝土地面、适当的光线和通风是必不可少的。电窑的接线（家用电或三相电）需要合格的电工来安装，而气窑则需要燃气工来安装。除了以上几点之外，在选择窑炉时还需要考虑以下问题：

1. 你需要什么类型的窑炉，气窑还是电窑？

2. 你打算烧制的最高温度是多少？这关系到使用哪种类型的黏土。

3. 窑炉置于何处？要考虑到使用通道。

4. 运送问题。英国窑炉制造者不再自行交付或安装窑炉。任何窑都可能由送货员配送，若他将窑卸在道路上，而你又不能将其留在那里时，则需要寻求帮助，将它从道路上转移到最终安装地点。

5. 保险问题。拥有窑炉是否影响你的建筑保险？

6. 你需要多大尺寸的内径？高度相比直径，哪个更重要？

7. 窑的隔热性如何？考虑使用底部有砖面的窑炉，因为大量的热量会从窑炉底部放射到地板上。隔热不良的窑炉会将大量热量散失到房间内，因此运行成本会更高。它也会冷却过快，影响釉料的质量。

8. 购买一个离地至少30 cm的支架。

9. 如果工作室附近有儿童，请安装窑炉防护装置。

10. 顶开门式的窑炉盖子有多重？反复举重可能对体力要求很高。

11. 电窑中的元件是否很好地安装在砖砌的深槽中？反复烧制后，元件会从浅槽中膨胀并伸出，因此需要尽早更换。

我一直使用容量小于3立方英尺（0.085 m³）的窑炉，这使我能够快速完成一系列工作，而不用花费数月的时间在大型窑上。这也使我能够无缝地改进和开发我的设计。

萨拉·弗林（Sara Flynn）
《拱形陆地器皿》，2012年
拉坯成型并重塑，高11 cm×长
20 cm×深14 cm
照片：Erskine，Hall & Coe Ltd
画廊

窑炉设置

窑具

仔细准备你的棚板。在棚板上均匀地刷上稀薄的一层氧化铝、少量瓷土和水的混合物。首先将棚板稍微润湿能让氧化铝混合物更容易刷均匀。在烧窑之前使其完全干燥。氧化铝层不均匀地堆积会导致圈足变形。如果经过几次烧制后氧化铝层变得太薄，可以将少量的氧化铝筛到棚板上（注意这样做时要戴上口罩）。

从供应商处可以买到能满足大多数需求的各种形状的窑具。我发现管状窑柱比带卡齿的城堡状窑柱更安全，但无论如何，尽量准备各种尺寸的窑柱。

瓷器在烧制过程中的高收缩率会导致出现问题，必须找到确保能让足部自由均匀收缩的方法。一些制作者喜欢用刷过氧化铝的泥饼垫在釉烧的器皿下，但我更喜欢使用陶瓷纤维纸以防止变形。我会轻轻地将坯压在纤维纸上，留下圈足的印记，再切成合适的尺寸（内圆周和外圆周），然后粘在圈足的底部（我使用的是为此专门保存的蜂蜜），这样无需摆弄就可直接将这件作品放入窑中。

陶瓷纤维做的"巢"或填充了刷有（可重复使用的）氧化铝混合物的素烧过的环也可用于支撑易碎的坯件，而没有底座但施了釉的制品可以悬挂在垂直插在一团黏土中的绝缘棒上。我曾用两个顶部钻孔的管状窑柱制作了一条"晾衣绳"，并用镍铬合金线穿线，以悬挂小型雕塑作品。

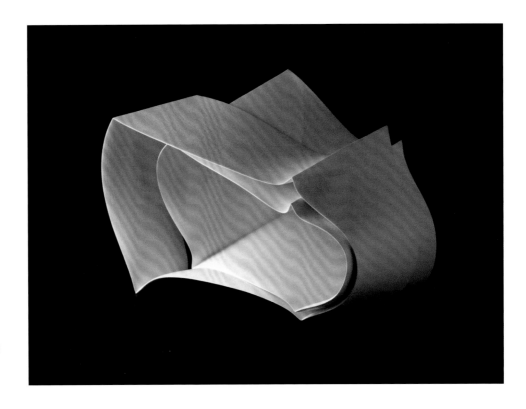

永江茂和（Shigekazu Nagae）
《器形更替 #2》，2011年
注浆倒模釉面瓷，高24 cm×宽
43.5 cm×深31 cm
照片：东京Yufuku画廊

永江茂和（Shigekazu Nagae）将他的注浆瓷塑悬挂在窑内的耐热金属棒上，让它们在自身重力下变形。

努拉·奥多诺万喜欢对同一件作品进行反复烧制，并在每次烧制后进行一些调整。

装素烧窑

在给瓷坯装素烧窑时，与放置粗陶器没有根本区别，只是瓷器可能更轻，因此更容易支撑。

未烧制的瓷坯非常脆弱，需要小心处理。切勿将过多坯件叠在一起，否则可能会损坏下面的坯。如果是精致的碗，最多可以摞着叠放3个。

带盖的器皿烧制时要盖着盖子烧制。

将瓷坯放入窑中之后再改变主意会有损坏的风险，因此建议装窑前在桌上放块棚板，以便拟定放置位置的计划并测量瓷坯的不同高度。或用一把三角尺比较，以确保器皿不会悬在棚板边上并且不会太靠近各个窑炉部件。

装釉烧窑

釉料窑的装窑和烧制方式决定了釉料呈现的质量。装窑的密度、棚板的数量和排列方式、升温和冷却的速度和温度都对釉料有所影响。器皿壁和釉料的厚度也将决定成品的特性。所有这些只能根据你自己的特定情况，通过反复的试验和失败来学习。

请切记，装窑时要确保坯体与窑炉部件之间至少有2.5 cm的间隙。

施釉后，坯件极易被磕到或损坏，因此最好尽快将其装窑。此前还要仔细检查以确保圈足或盖沿没有任何釉料。

除非制作器皿时极精确地拉坯和修坯，否则瓷器很容易变形。不平的圈足会导致敞口器形的变形。我们知道，茶壶的开口很难制作，这是因为壶嘴和把手的额外突起的重力会将容器拉离中心，导致变形。在小心地重新组装并放入窑中之前，要先擦掉凹槽和足底的釉料并涂上氧化铝。

升温曲线和温锥

为了使釉料达到最佳效果，了解你的窑并依此制定烧制曲线非常重要。可以将施有类似釉料的器皿放在同一批窑里，或者将温锥放在不同的棚板上以测试不同位置的窑温，这样可以了解哪些位置的温度较低。现在大多数新型窑都有内置的温度计，但只有温锥才能在接近烧成温度时提供烧结温度和釉料熔化程度的真实参考。在可能的情况下，将温锥三三两两放置在观火孔前进行观察。一旦计算出你的升温曲线，就可以省去温锥了。

为避免出现针孔、鼓包、开裂（见第8章）等常见的釉和胎体的瑕疵，必须控制好升温速度。建议缓慢升温，不要超过100℃ /h，升温至约800℃时，此时窑内将发出红光，任何挥发性气体都已被烧尽。釉料将在1 000℃左右开始烧结。在这个阶段，最好先保温半小时，然后再继续。在到达烧结温度或略低于此的温度保温半小时通常是一种很好的做法，它可以有效地消除针孔。熔融阶段为从烧结温度到900℃左右。亮面釉可以快速冷却，但哑光和结晶釉缓慢冷却效果更佳。

一些典型升温曲线的示例请参考下页的图表。

釉料测试

在任何烧制中总会有可放入釉料试片的空间。除了釉料的颜色和肌理特征外，还应考虑其流动性。试片应固定在一小团涂了氧化铝的黏土中，并直立着烧制。

继测试釉料试片之后，可以少量配制约500 g的值得继续尝试的新釉料，并用较小的器皿进行试釉，最好在足部多预留一些没有釉的区域以防流釉，否则流下的釉可能会损坏棚板。

烧窑曲线									
电窑：氧化烧制，素烧曲线									
素烧/釉烧		第一阶段				第二阶段			第三阶段
	出风口	上升速度 ℃/h	烧至温度 ℃/h	保持恒温	出风口	上升速度 ℃/h	烧至温度 ℃/h	保持恒温	保持恒温/结束
素烧范例1	开	100	600 发亮的红	否	关	100	1 060	30 min	结束
素烧范例2	开	100	600	30 min	关	120	1 000	30 min	结束
电窑：氧化烧制，釉烧曲线									
釉烧范例1	开	100	600 发亮的红	否	关	100	1 260	否	结束
釉烧范例2	开	100	600 发亮的红	否	关	150	1 250	30 min	结束
釉烧范例3（结晶釉）	开	100	600	否	关	100	1 280	否	保持160℃/h至1 100℃，恒温4 h后结束
气窑：还原烧制，釉烧曲线									
釉烧范例1	开	100	1 000	否	调节烧嘴火候和烟道挡板	100	1 260	否	结束
釉烧范例2	开	120	1 000	30 min		150	1 250	否	结束
釉烧范例3	开	100	1 100	否		100	1 255	保持还原状态30 min至1 260℃	熄火

<table>
</table>

常见瑕疵及其补救措施

第 8 章

生坯会出现的问题

裂缝

裂缝一般是由胎壁或局部厚薄不一引起的，或者由于干燥太快或干燥得不均匀，又或者在太干时试图修补缺陷。在选择黏土时了解其局限性也很重要。

S型裂缝

通常出现在拉坯器皿底部的裂缝（见第4章）。

变形

圈足太细，很容易导致器皿变形。不均匀的拉坯和修坯也肯定会导致变形，尤其是在敞口的器形上。

烧制前可进行的补救措施

1. 在圈足上涂上氧化铝，这样它们就不会被粘在棚板上。

2. 出于同样的目的，剪一块陶瓷纤维纸垫放在坯底（有关详细信息，请参阅第7章）。

釉面瑕疵

分析釉料产生瑕疵的原因时应考虑烧制和冷却的速度，釉料烧结的温度、过烧或欠烧，以及釉料的成分。老旧的加热零件会导致升温速度缓慢，从而影响釉面效果。

裂纹

瓷坯经高温烧制后呈半透明的性质，因此坯壁通常很薄，具有较低的膨胀系数。釉料在冷却时会受到挤压，因此有必要增加釉料的膨胀系数，避免裂纹。一个薄的、低膨胀的胎体，搭配薄的、流动性好的釉料会更可能具有良好的釉面贴合度和良好的抗裂性。在研制哑光或缎面哑光釉料时，最好选择塑性更强的胎体。

大多数炻器釉料应用于瓷器时或多或少会出现裂纹。这是因为胎体的收缩率（膨胀系数）与覆盖它的釉料不匹配。

左图：薇薇安·弗利（Vivienne Foley）
《蓝灰色铃铛碗》，1992年
碳化硅涂层加带钡釉，最高12 cm
照片：薇薇安·弗利（Vivienne Foley）

133

如果裂纹线非常细，它们可能很难被看到，但这会使器皿不适合盛装食品。然而，裂纹也可能被夸大以在瓷釉中形成非常理想的效果。

请注意，裂纹也会随着时间的推移而增加。

补救措施

1. 在瓷体或釉料中添加额外的二氧化硅，或两者兼而有之，可以帮助修复裂纹。可以以5%的增量进行测试。

2. 增加黏土含量。

3. 添加诸如滑石粉之类的助熔剂，但请注意，这也会改变釉料的品质。

4. 用低膨胀率的锂长石代替钠长石或钾长石。

5. 尝试降低烧结温度。

6. 越厚的釉面越容易开裂，所以应采用更薄的釉面。

（有关详细信息，请参阅第7章）

针孔

针孔是由烧制过程中坯体和釉料中气泡的破裂造成的。如果胎体内有污染物，例如在素烧阶段烧尽并在坯体留下小坑的海绵碎块或头发，或者如果素烧或釉烧的升温曲线太快，也可能发生这种情况。

如果釉料欠烧，也会出现针孔。

补救措施

1. 在制备黏土时更加谨慎。

2. 用金刚石研磨垫仔细检查素瓷，以磨平任何小坑。

3. 稍微提高烧结温度，但要很小心，因为过烧也会产生针孔。

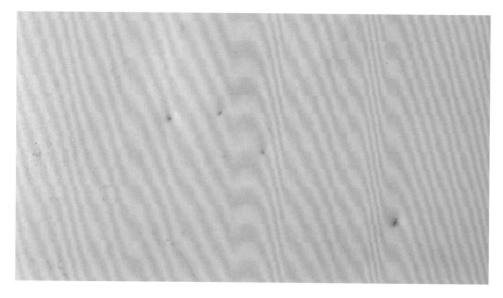

针孔釉面瑕疵

4. 减慢升温曲线并在最高温度下保温 0.5 h。

5. 在降温的前 100℃过程中减慢冷却速度。

6. 使用硅灰石（硅酸钙）作为白垩粉的替代品，作为釉中石灰的来源，因为它较少分解（分解的材料会形成气泡，其中一些会随着釉料冷却而破裂并留下针孔）。

7. 釉料可能太厚，浸釉时应将釉浆稀释一些，或喷薄层。这是一个需要反复试验和试错的过程。

鼓包和起泡

鼓包和起泡仅发生在上釉的坯体上，尤其在瓷器中是个常见的问题，这是由于其致密的玻化胎体所致。

当气泡从胎体中鼓出，然后随着釉料冷却而愈合时，就会出现鼓包。如果将气泡磨去，则会在胎体内发现一个空腔，其中带有未燃烧挥发物的黑色残留物。这可能是胎体内杂质（如铁渣片）所致。

釉料起泡可能是由于釉料中的杂质或烧结温度过高。含有大量氧化物的釉料更容易出现这些问题。

补救措施

1. 不要将坯体放置在离窑内加热元件太近的地方。

2. 将素烧温度升至 1 060℃。胎体仍然是多孔的，再以 100℃/h 的升温速度烧制。

3. 在 1 100℃时保温。减缓 1 112℃和烧结温度之间的升温曲线。

4. 在烧结温度下保温 0.5 h，并可以选择减缓降温过程中前 100℃的速度。

5. 调整釉料。使用霞石正长岩或硅灰石或少量添加硼砂熔块来代替康沃尔石或长石，将烧结温度降低 20℃。

6. 不要烧得过慢。最长烧制时间为 11 ～ 12 h。

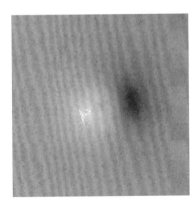
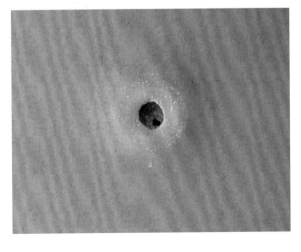

气泡
右：向上鼓起的釉面气泡
最右边：向下鼓起后漏出碳化沉积
照片：薇薇安·弗利（Vivienne Foley）

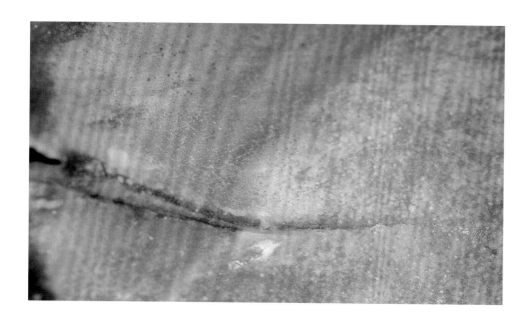

裂痕

窑裂

窑裂主要是由热冲击引起的胎体开裂。如果胎体和釉料之间已经存在不匹配的问题，则更有可能开裂。例如，在非常难熔的瓷胎上涂上一层厚厚的裂纹釉会导致成品的强度降低到崩塌的程度。如果在烧制中升温过急或冷却速度太快，或者将作品在冷却之前从窑中取出，就会发生胎体开裂。

（参见第6章，胎釉结合。）

补救措施

1. 设计釉料时，首先研究"胎釉结合"（另见第6章，第116页）。

2. 注意窑炉设置。将作品放在支钉上，制作陶瓷纤维垫，或确保棚板上有足够的氧化铝混合涂料。如果棚板磨损了，我会在上面筛一层氢氧化铝粉（如糖霜一样），形成一个非常松散的隔层。这可确保棚板和圈足之间没有张力。

3. 在降温过程中缓慢地冷却窑炉。窑炉越大、隔热效果越好，冷却速度越慢。

4. 还未降温至50℃之前切勿打开窑炉。

（另见第7章，窑炉设置，第129～130页。）

碳化硅（火山岩釉）缩釉的例子

缩釉

当釉料和胎体之间的结合不完美时，就会发生缩釉。釉料在釉烧过程中聚集，留下裸露的胎面。

补救措施

1. 上釉前，请确保素坯器皿清洁无尘。

2. 当坯体和釉面很厚时，在600℃前，使用比素烧速度更慢的升温曲线。

3. 上釉时确保釉料不会浸透胎体。

由于喷釉时，釉料沉积在坯体表面，会吸收较少的水分，因此与浸釉相比，喷釉不太会导致缩釉。

（有关更多详细信息，请参阅第117页，配制釉料。）

更多相关内容请参阅本书末尾参考书目中哈里·弗雷泽（Harry Fraser）撰写的《陶瓷缺陷及其补救措施》（*Ceramic Faults and Their Remedies*）。

参考书目

Bloomfield, Linda, *Colour in Glazes* (London: A&C Black, 2012).

Brooks, Nick, *Mouldmaking and Casting* (Ramsbury, Wiltshire: The Crowood Press, 2008).

Butler, Curtis and Little, *Shunzhi Porcelain* (Alexandria, Virginia: Art Services Int., 2002).

Charlston, Robert J. (ed.), *World Ceramics* (London: Paul Hamlyn, 1968).

Foley, Vivienne, *Vivienne Foley Porcelain* (monograph) (London, Monograph, Moonmouse Creative Ltd, 2007).

Fraser, Harry, *Ceramic Faults and their Remedies* (London: A&C Black, 2nd Ed, 2005).

Fraser, Harry, *Glazes for the Craft Potter* (London: Sir Isaac Pitman & Sons. Ltd, 1973).

Grebanier, Joseph, *Chinese Stoneware Glazes* (New York: Sir Isaac Pitman & Sons, 1975).

Hess, Fred C., *Chemistry Made Simple* (London: W.H, Allen & Co. Ltd, 1967).

Jorg, C.J.A., *The Geldermalson: History and Porcelain* (Groningen: Kemper Publishers, 1986).

Lane, Peter, *Contemporary Studio Porcelain* (2nd edn) (London: A&C Black, 2003).

Leach, Bernard, *A Potter's Book* (London: Faber and Faber, 1976).

Medley, Margaret, *The Chinese Potter* (Oxford: Phaidon Press Ltd, 1980).

Nilsson, Jan-Erik, *The Letters of Père d'Entrecolles*. www.gotheborg.com © Transcribed from the English translation by William Burton, Porcelain, *Its Art and Manufacture* (London: B.T. Batsford, 1906).

Opgenhaffen, Jeanne, *Jeanne Opgenhaffen: Part 2* (monograph), (Brussels: Self-published, Royal library Brussels D/2013).

Petrie, Kevin, *Ceramic Transfer Printing* (London: A&C Black, 2011).

Pierson, Stacey, *Designs as Signs: Decoration and Chinese Ceramics* (London: Percival David Foundation, 2001).

Pierson, Stacey, *Earth, Fire and Water: Chinese Ceramic Technology* (London: Percival David Foundation, 1996).

Rhodes, Daniel, *Stoneware and Porcelain* (London: Pitman Publishing, 1959).

Scott, Rosemary E. (Ed) *Chinese Copper Red Wares* (London: Percival David Foundation, monograph series no. 3, 1992).

Wood, Nigel, *Chinese Glazes* (London: A&C Black, 1999).

Wood, Nigel, *Oriental Glazes* (London: Pitman/Watson-Guptill, 1978).

Yin Min, Thilo Rehren, Jianming Zhen. UCL Inst.of Archaeology. London: 'Melt Formation in lime-rich Proto-porcelain Glazes' *Journal of Archaeological Science*, no:39 (2012) 2969-2983.

Yin, Min, Rehren, Thilo & Zhen, Jianming, 'The earliest high-fired glazed ceramics in China.' *Journal of Archaeological Scienc*, no: 38. (2011) 2352-2365.

奥顿测温锥图表

测温锥（测温三角锥）等效温度华氏度（°F）

Cone	自支撑温锥 普通			自支撑温锥 无铁			大号测温锥 普通		大号测温锥 无铁		小号测温锥 普通
升温率°F/h（取烧制曲线最后200°F的升温率值）	27	108	270	27	108	270	108	270	108	270	540
022		1 087	1 094				N/A	N/A			1 166
021		1 112	1 143				N/A	N/A			1 189
020		1 159	1 180				N/A	N/A			1 231
019	1 213	1 252	1 283				1 249	1 279			1 333
018	1 257	1 319	1 353				1 314	1 350			1 386
017	1 301	1 360	1 405				1 357	1 402			1 443
016	1 368	1 422	1 465				1 416	1 461			1 517
015	1 382	1 456	1 504				1 450	1 501			1 549
014	1 395	1 485	1 540				1 485	1 537			1 598
013	1 485	1 539	1 582				1 539	1 578			1 616
012	1 549	1 582	1 620				1 576	1 616			1 652
011	1 575	1 607	1 641				1 603	1 638			1 679
010	1 630	1 657	1 679	1 600	1 627	1 639	1 648	1 675	1 623	1 636	1 686
09	1 665	1 688	1 706	1 650	1 686	1 702	1 683	1 702	1 683	1 699	1 751
08	1 692	1 728	1 753	1 695	1 735	1 755	1 728	1 749	1 733	1 751	1 801
07	1 764	1 789	1 809	1 747	1 780	1 800	1 783	1 805	1 778	1 796	1 846
06	1 798	1 828	1 855	1 776	1 816	1 828	1 823	1 852	1 816	1 825	1 873
05 ½	1 839	1 859	1 877	1 814	1 854	1 870	1 854	1 873	1 852	1 868	1 909
05	1 870	1 888	1 911	1 855	1 899	1 915	1 886	1 915	1 890	1 911	1 944
04	1 915	1 945	1 971	1 909	1 942	1 956	1 940	1 958	1 940	1 953	2 008
03	1 960	1 987	2 019	1 951	1 990	1 999	1 987	2 014	1 989	1 996	2 068
02	1 972	2 016	2 052	1 983	2 021	2 039	2 014	2 048	2 016	2 035	2 098
01	1 999	2 046	2 080	2 014	2 053	2 073	2 043	2 079	2 052	2 070	2 152
1	2 028	2 079	2 109	2 046	2 082	2 098	2 077	2 109	2 079	2 095	2 163
2	2 034	2 088	2 127				2 088	2 124			2 174
3	2 039	2 106	2 138	2 066	2 109	2 124	2 106	2 134	2 104	2 120	2 185
4	2 086	2 124	2 161				2 120	2 158			2 208
5	2 118	2 167	2 205				2 163	2 201			2 230
5 ½	2 133	2 197	2 237				2 194	2 233			N/A
6	2 165	2 232	2 269				2 228	2 266			2 291
7	2 194	2 262	2 295				2 259	2 291			2 307
8	2 212	2 280	2 320				2 277	2 316			2 372
9	2 235	2 300	2 336				2 295	2 332			2 403
10	2 284	2 345	2 381				2 340	2 377			2 426
11	2 322	2 361	2 399				2 359	2 394			2 437
12	2 345	2 383	2 419				2 379	2 415			2 471
13[+]	2 389	2 428	2 458				2 410	2 455			N/A
14[+]	2 464	2 489	2 523				2 530	2 491			N/A

测温锥（测温三角锥）等效温度摄氏度（℃）

	自支撑温锥						大号测温锥				小号测温锥
	普通			无铁			普通		无铁		普通
测温锥号	升温率℃/h（取烧制曲线最后100℃的升温率值）										
Cone	15	60	150	15	60	150	60	150	60	150	300
022		586	590				N/A	N/A			630
021		600	617				N/A	N/A			643
020		626	638				N/A	N/A			666
019	656	678	695				676	693			723
018	686	715	734				712	732			752
017	705	738	763				736	761			784
016	742	772	796				769	794			825
015	750	791	818				788	816			843
014	757	807	838				807	836			870
013	807	837	861				837	859			880
012	843	861	882				858	880			900
011	857	875	894				873	892			915
010	891	903	915	871	886	893	898	913	884	891	919
09	907	920	930	899	919	928	917	928	917	926	955
08	922	942	956	924	946	957	942	954	945	955	983
07	962	976	987	953	971	982	973	985	970	980	1 008
06	981	998	1 013	969	991	998	995	1 011	991	996	1 023
05 ½	1 004	1 015	1 025	990	1 012	1 021	1 012	1 023	1 011	1 020	1 043
05	1 021	1 031	1 044	1 013	1 037	1 046	1 030	1 046	1 032	1 044	1 062
04	1 046	1 063	1 077	1 043	1 061	1 069	1 060	1 070	1 060	1 067	1 098
03	1 071	1 086	1 104	1 066	1 088	1 093	1 086	1 101	1 087	1 091	1 131
02	1 078	1 102	1 122	1 084	1 105	1 115	1 101	1 120	1 102	1 113	1 148
01	1 093	1 119	1 138	1 101	1 123	1 134	1 117	1 137	1 122	1 132	1 178
1	1 109	1 137	1 154	1 119	1 139	1 148	1 136	1 154	1 137	1 146	1 184
2	1 112	1 142	1 164				1 142	1 162			1 190
3	1 115	1 152	1 170	1 130	1 154	1 162	1 152	1 168	1 151	1 160	1 196
4	1 141	1 162	1 183				1 160	1 181			1 209
5	1 159	1 186	1 207				1 184	1 205			1 221
5 ½	1 167	1 203	1 225				1 201	1 223			N/A
6	1 185	1 222	1 243				1 220	1 241			1 255
7	1 201	1 239	1 257				1 237	1 255			1 264
8	1 211	1 249	1 271				1 247	1 269			1 300
9	1 224	1 260	1 280				1 257	1 278			1 317
10	1 251	1 285	1 305				1 282	1 303			1 330
11	1 272	1 294	1 315				1 293	1 312			1 336
12	1 285	1 306	1 326				1 304	1 324			1 355
13[+]	1 310	1 331	1 348				1 321	1 346			N/A
14[+]	1 351	1 365	1 384				1 388	1 366			N/A

温度换算表

摄氏度	华氏度	开尔文（热力学温度单位）	测温锥号	摄氏度	华氏度	开尔文（热力学温度单位）	测温锥号
0	32	273	N/A	930	1 706	1 203	
100	212	373	N/A	940	1 724	1 213	
200	392	473	N/A	950	1 742	1 223	08
300	572	573	N/A	960	1 760	1 233	
400	752	673	N/A	970	1 778	1 243	
500	932	773	N/A	980	1 796	1 253	07
600	1 112	873	022	990	1 814	1 263	
610	1 130	883		1 000	1 832	1 273	06
620	1 148	893		1 010	1 850	1 283	
630	1 166	903		1 020	1 868	1 293	
640	1 184	913		1 030	1 886	1 303	
650	1 202	923	020	1 040	1 904	1 313	05
660	1 220	933	019	1 050	1 922	1 323	
670	1 238	943		1 060	1 940	1 333	04
680	1 256	953		1 070	1 958	1 343	
690	1 274	963		1 080	1 976	1 353	
700	1 292	973		1 090	1 994	1 363	03
710	1 310	983		1 100	2 012	1 373	
720	1 328	993	018	1 110	2 030	1 383	02
730	1 346	1 003		1 120	2 048	1 393	
740	1 364	1 013		1 130	2 066	1 403	01
750	1 382	1 023	017	1 140	2 084	1 413	1
760	1 400	1 033		1 150	2 102	1 423	2
770	1 418	1 043		1 160	2 120	1 433	3
780	1 436	1 053	016	1 170	2 138	1 443	
790	1 454	1 063		1 180	2 156	1 453	4
800	1 472	1 073	015	1 190	2 174	1 463	5
810	1 490	1 083		1 200	2 192	1 473	
820	1 508	1 093	014	1 210	2 210	1 483	
830	1 526	1 103		1 220	2 228	1 493	
840	1 544	1 113		1 230	2 246	1 503	6
850	1 562	1 123	013	1 240	2 264	1 513	
860	1 580	1 133		1 250	2 282	1 523	7
870	1 598	1 143	012	1 260	2 300	1 533	8
880	1 616	1 153	011	1 270	2 318	1 543	9
890	1 634	1 163		1 280	2 336	1 553	
900	1 652	1 173		1 290	2 354	1 563	10
910	1 670	1 183		1 300	2 372	1 573	11
920	1 688	1 193	09